動物
數隻 數隻

別類爆笑的動物行為觀察筆記

張東君(青蛙巫婆) 著　　唐唐 繪

目 錄

Part1 動物吃吃喝喝

目 錄

Part3 動物五花八門

〔巫婆上菜〕Forgwitch Recipe

期待臺灣未來的杜瑞爾　劉小如

　　我知道東君曾經在臺北市立動物園的「創新獎」比賽中，以做動物造型甜點的創意活動得到首獎，所以書中不僅有好玩的食譜，更有意思的是，每個食譜前面都有一段有趣的動物故事，這些故事本身豐富到可以獨立成為一本書；而食譜也有足夠的趣味讓大人、小孩想去嘗試，加上充滿童趣的插畫把食物和故事中間的聯想鮮明活潑地集結在一起，果真好像出現了「魔法」的氛圍般，令讀者不自覺陷入其中！

　　這本書中的故事大部分發生於臺北市立動物園，有少部分則是東君讀書時的經驗，書裡對各種動物的描述，多半是一般書本裡不會涵蓋的角度，因為這些內容必須是長年和動物相處的人才有機會發現的，例如誰想到過穿山甲也會流鼻水？看到大象玩輪胎、或者長臂猿想騎山羌，山羌聰明地讓長臂猿摔倒在地上，誰能不莞爾一笑呢？對一個喜歡動物的人來說，這本書是非常好的休閒讀物；對於想給孩子說故事的人而言，更是十分獨特有趣的故事讀本。

　　東君出身於科學世家。當年林曜松教授和我是她的碩士論文指導教授，在兩年的碩士研究生訓練裡，我們專注於培養她思考和野外調查的科學性以及論文撰寫的嚴謹度，誰想到她從日本求學回來後出版的第一本書不是科學報告，而是記錄她在

日本求學經驗的《動物勉強學堂》。不過，讀這本書真讓我有驚豔之感，不但一口氣看完，一路更忍不住微笑或大笑，闔上書以後感覺好慶幸我們當年的努力並沒有扼殺她的幽默感，也沒有扭曲了她輕鬆流暢的文筆。她之後的作品更一再地展現說故事的才華。

本書並不只是有趣的動物故事和食譜而已，東君在書中不忘以幽默風趣的文字引導讀者應該對動物負責，不要任意棄養自己飼養的寵物，並傳遞正確的保育理念。現代的讀者每天都可以在電視上或印刷品裡看見動物的影像與故事，但是書中更清楚地展現出每隻動物都是有個性、有喜好、有病痛的生命，不只是養在那兒供人閒暇時去觀察消遣的對象而已。

英國有一位知名度遍及全球的作家傑洛德 · 杜瑞爾（Gerald Durrell），是我非常崇拜的說動物故事高手，他對野生動物保育的貢獻，讓他得到很多國際大獎的肯定，而他和野生動物互動的經驗也成為他說故事的題材。張東君的寫作風格讓我聯想到這位動物故事大師，除了幽默的文筆，她展現了豐富的聯想和巧思，相信我們今天看見的，應該就是臺灣未來的「傑洛德 · 杜瑞爾」。

（本文作者為知名鳥類學者，並長期推動鳥類及自然資源保育工作）

愛牠們，從牠們的食譜開始　張文亮

這是一本非常有趣的動物學書籍，作者幽默的描述，使人看了第一頁，就會手不釋卷地讀下去。作者的文筆帶著歡愉，使人閱讀的心情愉快，能使小讀者增長知識；老讀者變年輕。原來喜悅可以感染，閱讀可以使人回轉像孩子一般。

書中描述許多可愛的動物，如猴子、企鵝、紅鶴、青蛙等，作者藉由實地的觀察，瞭解其營養需求，配製有趣、有啟發性、

可食用的食譜。還用心烹調而成，拍照呈現，深具科學創意與手作的實踐。作者像是專業可愛的探險家，引導我們進入野生動物鮮為人知的一面；又透過細膩的文字描述，使人瞭解人工輔助動物的需求、營養、心理與行為，能給動物帶來什麼幫助。

動物園存在的目的在於教育、研究與保護，作者不僅擁有研究野生動物的專長，還具有動物園的管理專業，本書將動物園的知識做如此優美的轉化，是本一流的科學普及與分享的教材。書中提到猴子需求黃豆，小蝙蝠需求麵包蟲，企鵝需求南極冰魚，糞金龜需求巧克力，紅鶴需求甲殼類的小蝦、小蟹等，都深具啟發，令人捧讀再三，使人莞爾。

原來動物園不只給人參觀，還具有給食物的邏輯、照顧的學問、動物行為的瞭解，並給人深思生物存在的價值。近代有人認為已保育野生動物，注重其棲地保護，關懷其遷移空間的需求，還需要將動物放在動物園嗎？我們必須瞭解正確動物管理的知識，才能有個持平的立場來回答。動物園是個低逆境的野生動物觀察所，給人一個直接的窗口，來認識動物的存在與價值，與保育不抵觸──也許這是本書深度的呼籲。

至少，願你喜愛糞金龜，從牠們的食譜開始！

（本文作者現任臺大生物環境系統工程學系教授）

推薦序三

動物、寵物一念間　李家維

　　相對於我們這些常手足無措的龐大寵物迷，東君真是含著金湯匙出生，又一輩子活在天堂裡。她家的老太爺是前中央研究院動物研究所的所長，臺灣主要的動物學者幾乎都是她父執輩的叔伯或弟子們。東君在臺灣大學的動物系、動物研究所念書，畢業後又在臺北市立動物園工作，有此際遇的人，世間幾稀啊！可慶幸的是，東君努力寫了這麼本好書，來回報諸多豔羨而妒的眼神。

　　人之何以為人？這會有說不完的定義，我要提其中的兩項，一是蒐藏慾，一是養寵物。我曾到西安去，參觀了陝西考古研究所，密室裡擺放著新挖掘出來的戰國貴族墓葬，幾十件青銅和玉器都是 2,500 年前的精緻寶物，但是另有件玉豬龍格外醒目，那是紅山文化的典型，想想當時的西北人，竟然已在蒐藏更早上 3,000 年前的東北古董！過去我偶爾會為自己橫流的無盡物慾自責，看了這尚未公開的的研究成果，我心裡舒坦極了，原來這是人類根深的本質。兩年前臺灣史前文化博物館的考古隊，在臺南科學園區有個驚人的發現，他們在 5,000 年前的墓葬裡找到家犬的遺骸，這表示當時的臺灣人已養狗為寵物，其實人狗合葬可以更早追溯到 12,000 年前的中東古墓，而古埃及人不也將愛貓做成木乃伊嗎？

貓狗早為人所馴養，牠們雜食、溫馴，甚至排遺有禮。但是光養牠們，對人類的寵物蒐藏慾的滿足當然不夠。可惜我們對如何豢養動物的知識發展太慢，歷來不知有多少無辜的野生動物死在無知的照護下，我們大多數人都曾是這樣的殺手。東君在書裡說了 36 個動人的故事，她趣談營養失調的穿山甲和也愛吃肉的果子狸等鮮為人知的事，讀來是既沉醉於其劇情，又受教了動物保育的哲理。

　　我們在高樓公寓裡養孩子，很難給他們東君式的生活體驗。我的建議是把這本書當作床邊的故事讀本，念給睡前的孩子聽，一起分享這整日笑呵呵的小巫婆經驗吧！

　　　　　　（本文作者現任清華大學生命科學系教授、科學人雜誌總編輯）

邊讀邊吃的趣味動物觀察　傅娟

多年前因廣播採訪和東君相識，那時的她還在日本攻讀博士學位，總讓人感受到一種全心鑽研學問的單純、滿足和快樂。東君是位熱情又有趣的朋友，但我從未想過她居然會寫一本有食譜的動物書。這讓我十分驚訝，因為長久以來對她的印象就是穿著水靠、雨鞋在田野作調查的學者，很難讓人聯想到她居家生活的一面，或許因為出國要自立自強，所以逐漸展現這方面的潛力和才華吧！數年後我們又在動物園的活動中重逢，回國後的東君從事動物保育與推廣的工作，她把自己的專業和興趣結合，並且做得有聲有色、多采多姿，實在令人羨慕。對居住在都市中的人而言，想親近各種動物最方便的方法就是去動物園了，但是想和動物長期相處，似乎就有點困難了，不像在我們小時候，生活中隨處可見小魚、小蟲等。兒時的體驗使我成為一個什麼都不害怕嘗試的媽媽，也鼓勵小朋友多親近、體會大自然。

透過這樣一本有創意的書，既可以了解專家們和動物互動的方式，以及更多觀察、保育動物的觀念，加上書中的食譜都有個和動物相關的趣味名稱，非常適合和小朋友共同製作和分享，這樣另類有趣的閱讀體驗，相信也會讓親子生活增加不少樂趣與美好的記憶。

（本文作者為親子作家）

巫婆就是這樣的

　　經常會有人問我為何要稱自己為「青蛙巫婆」？其實這也沒什麼，只不過是為了一些不足為外人道也的無厘頭原因罷了。

　　一、笑聲很詭異，可以一個人咯咯笑、嘰嘰笑、嘿嘿笑、哈哈笑，笑個十幾分鐘不停、吵人清靜。

　　二、生日離萬聖節很近，從小就喜歡收集跟巫婆有關的東西，還曾經特地跑去美國波士頓近郊的女巫鎮（Salem）「朝聖」過。

　　三、「年輕時」曾經用「人」的股骨標本追打男生，於是被稱為「小巫婆」。

　　四、在救國團帶金門戰鬥營時，因為把及腰長髮綁成許多根小辮子，而被稱作「蛇魔女」。但是回頭想想，自己並沒有梅杜莎能夠把人變成石頭的美貌，所以還是當巫婆算了。

　　五、巫婆沒有年齡限制、也不限定有沒有配偶對象。不像公主，一定會被問「王子在哪？」或是「何時升格成皇后啊？」當巫婆，在各方面都很方便。

　　六、巫婆可以隨心所欲的做任何事情，可以幫助人，也可以惡作劇。即使亂出點子惡搞，朋友通常也會以：「哎呀，巫婆就是那樣的嘛！」一句話就輕易原諒始作俑者。

　　七、我喜歡毛毛蟲、蜘蛛、蝙蝠、青蛙、蟾蜍，又是天蠍

座的，全部都是巫婆的好朋友耶！

八、還有還有……，理由真是數也數不清呀。

當我到京都大學念書以後，在動物學教室中大多數人的稱呼，都是以「動物＋姓」的方式組成，所以我就是「青蛙張」。後來開始在「青蛙學堂」網站中寫跟青蛙童書繪本有關的文章時，看到主持網站的學長姐分別是青蛙王子和青蛙公主，就很理所當然的把自己稱為青蛙巫婆啦！就是這麼簡單。

大家在看故事書時，不是很常看見巫婆站在一個大鍋前面熬煮什麼怪東西嗎？誰曉得鍋裡煮的是救人的萬靈藥，還是能夠把王子變青蛙、南瓜變馬車的魔藥呢？所有的解答，都存乎巫婆的一心。而我從事推廣科普教育時，也很常用一些看起來毫不相干的事物來帶出我想介紹的主題。我最喜歡的講題之一，是「如何分辨粉圓與蛙卵」；而以「吃」來加深記憶、用「五官六感」學習動物知識的魔法廚房，應該可以說是青蛙巫婆的極致吧！事實上，當我於 2005 年秋天在澳洲參加動物園界的會議時，以「動物魔法廚房」為題所做的報告，還真的是大獲好評，不但全場拍手吹口哨，還有許多動物園和水族館都說也要在自己的館中，以魔法廚房為引子辦活動呢！

我從小生長在充滿動物及研究者的環境中，在耳濡目染下，四歲時就決定自己將來要當動物學家。對我來說，動物就

像是水或空氣，是不可或缺的生活要素。既然大家都說「好東西要和好朋友分享」，我熱愛的毛毛蟲自然也要給好同學看看……。只是通常同學都不太領情，我只好退而求其次，只講有趣的動物故事給大家聽囉。

這本《動物數隻數隻》是《青蛙巫婆動物魔法廚房》的增訂新版，不僅新增了數篇文章與手繪插圖，內容也根據時事有所進化調整。新書名更加符合我老是數個不停，不但看到蟲魚鳥獸就數數有幾隻；在路上、書上看到動物插圖也會數數手指、腳趾畫得對不對、隨時隨地考考旁人知不知道青蛙有幾根腳趾，弄到現在周圍的人在看到青蛙飾品圖像都會數隻數隻。對了，這本書中附有 36 道食譜，是用來「正向回饋」、增進大家對動物的認識用的。不過要是你的聯想力太豐富的話，就請在看文章之前，先把做出來的食物吃掉吧！巫婆之所以被稱為「巫婆」，還是有它的道理存在的。嘿嘿嘿！

我要藉此機會感謝林曜松老師及生態研究室的諸位夥伴，讓我在念動物系與動物所的期間有非常「五味雜陳」但卻也色香味俱全的日子。也要謝謝劉小如、張文亮、李家維三位老師和傅娟女士的妙文推薦。最後，當然也要對「於公於私」都在當開路先鋒，讓我不必披荊斬棘就走在動物這條路的老爸以及作後援補給的老媽，致上最深的謝意。

PART 1
動物吃吃喝喝

研究動物的人，
都必須知道研究的對象吃喝些什麼，
才能在野外「守株待兔」，等待來覓食的動物。
而在飼養動物時，若是不知道動物原本的食性，
也沒辦法把動物給養好養活。
愛動物，就想和動物同化、一起吃喝。
最快的方法，是和牠們「共食」！

01

靈長類專用配方

　　臺北市立動物園餵靈長類動物吃的「猴米糕」，是我寫這本書的原典及原點。

　　不知該說是遺傳或環境使然，從小我就一直對動物要吃什麼、會被誰吃感到非常有興趣。這可能是因為我父親是魚類生態學者，主要從事人工魚礁的研究。而人工魚礁的概念，正是基於海洋中的食物鏈而來，於是我從小便耳濡目染，沉浸在「大魚吃小魚、小魚吃蝦子」的「誰吃誰」環境之中長大。當然，我也是好吃啦！小時候最喜歡看的書，從《古利和古拉》、《小黑三寶》到《保母包萍》、《五小冒險》系列，都是書中主角會吃許多讓我流口水的食物，喝我沒喝過的薑汁汽水等，令人垂涎三尺的書。這個喜好至今不改，於是，我在動物園裡借的第一本書，就是一本叫《動物飼糧食譜》的書。

　　這本食譜是由動物園的動物組編撰的，記載著各個館區的各種動物每天吃的食物種類與每種食物的營養成分。只要查閱這本書，就可以知道動物園裡有多少種類的動物、牠們在野外

吃哪些東西、在動物園裡是餵牠們吃什麼、有哪些動物有相同的食物需求？有了一本好的動物飼糧食譜，動物園的經營管理就等於已經成功了一大半。而依照動物飼糧食譜，每天供應動物園各管區大大小小動物所需食物的「動物飼糧調配室」中的工作人員，以及領到食物以後到各館區再做分配的動物管理員們，都是勞苦功高的幕後「黑手」，為了替動物打理周遭一切，不論自己變得再怎麼黑、再怎麼髒也不介意。

在飼糧食譜中，記載的是草食動物會吃到的牧草、乾草、粒狀飼料等；而肉食動物吃的當然就是各種不同肉類的各種不同部位。無論如何，出現的都是平常聽過、看過的食物或飼料。但是，等到我翻到靈長類的部分時，卻有一個新名詞跳到我眼前，那就是「猴米糕」。

我知道筒仔米糕是臺灣小吃，但卻不知猴子也吃米糕。筒仔米糕是用糯米做的，像裝在竹筒裡面的油飯；可是，猴米糕是用什麼做的呢？

我繼續把整個靈長類的「伙食」看完之後，發現不管是原始的猴類或是和人類較接近的猿類，只要是被一般人統稱為「猴子」的動物，還真的是所有「人」都會吃猴米糕呢！只是依照身體的大小，吃到的量就會從一小小粒到一大片不等而已。

動物吃吃喝喝

既然連類人猿都在吃了，那人類一定也可以吃；只要人類可以吃，我就一定要吃吃看！能夠和喜歡的動物吃一樣的東西，是我最大的願望。於是，我就死皮賴臉的請負責動物廚房的奚雯帶我去調配室參觀猴米糕的作法，順便看看能不能學到一些，可以回家自己做來吃吃看。

　　調配室裡的猴米糕，因為大小「猴口」眾多，所以是用三十人份的大電鍋一次煮一鍋「糕」，之後再移到大鐵盤中放涼，壓成扁平的塊狀冰起來，隔天再溫熱，依動物的需要切給

動物吃。當然，就像人不僅吃飯、吃菜，也吃零食一樣，除了猴米糕以外，也還是會餵靈長類其他許多種類的食物，而且為了動物們的健康，管理員還會設法讓牠們就像在野外生活一般，每天得花上三分之一到一半的時間覓食，才能夠吃到足夠的食物。這樣一來，才不至於變成「飯來張口」的不健康動物。

臺北市立動物園裡有個「點子王」的提案箱，讓員工只要有任何可以提升動物園各項設施或活動的想法、建議，就可以提報給園方討論。對於上呈的提案還會依參加點子的實用高低，給予一個便當或是再好一點的獎品當作獎勵。在我「發現」了猴米糕後，就馬上寫了建議，希望動物園裡能夠製作人類版的猴米糕來賣給遊客吃。其實大家只是圖個「新鮮」（不論是食材或點子）、好玩，所以只需要製作小小的、比御飯糰還要小的尺寸，裝在畫了猿猴臉的容器裡面，定價在十五至二十元左右就夠了。這樣一來，不但可以讓遊客嚐到猴米糕的味道，知道靈長類動物會吃什麼樣的副食品，而且也是動物園的專屬食品，又可以替動物募到保育基金，不是一舉數得嗎？

　　我的提案，換到了四個便當。便當已經吃掉了，但是「人版」猴米糕的商品化，則還在努力中……。

Frogwitch Recipe

人版猴米糕

材料

糙米 240g、黃豆粉 220g
葡萄乾 30g、鹽 3g、紅糖 20g
大豆蛋白 80g、玉米粉 40g
嬰兒麥粉 20g、奶粉 100g

作法

1. 把糙米、黃豆粉、葡萄乾、鹽、紅糖、大豆蛋白等一起放入電鍋中煮熟。
2. 再把玉米粉、嬰兒麥粉、奶粉加到（1）中攪拌、放入模型中成形。
3. 將（2）放入烤箱中，烤至水分烘乾即可，要記得翻面。

在動物園裡的猴米糕配方中，

為了要讓動物多攝取鈣質及維生素，

因此添加了碳酸鈣及多種維生素。不過，

為了顧及口感及營養，在人版食譜中就不加這些。

只要看到內容物，就可以發現猴米糕是極適合

現代人吃的，高纖且低脂、低糖的健康食品喔。

02
巫婆是蝙蝠的奶媽

　　我從小就愛看書，結果看出了一大堆很不切實際的「夢想」，而其中記得最久的情節，大多是和吃或動物有關的。讀《小黑三寶》時，很想試試三寶的媽媽用四隻老虎追逐後融化而成的「虎油」做的煎餅；看完《愛麗絲夢遊仙境》以後，也很羨慕他們能夠用紅鶴當球桿打「刺蝟槌球」。但是我最大的願望，卻是「我一定要養一隻蝙蝠，在牠脖子上繫個領圈，像放風箏一樣地帶牠到外面散步！」

走在路上「蹓蝙蝠」，讓周遭的人發出害怕或是欣羨的驚嘆聲，這個畫面，光是想像就已經讓我興奮不已。不過身為動物研究者，有義務要推廣「正確對待動物的方式」，所以我的夢想，便一直只能是個「不可告人」的白日夢。

　　可是，老天爺待我不薄！在某個六月天的下午，我突然接到一通來自學妹「女蝠俠」（蝙蝠博士）的電話：「妳要不要養蝙蝠？」因為她要到野外做實驗，不在家的時候要替蝙蝠找「奶媽」。蝙蝠？而且有四隻！我怎麼可能說不要呢？

　　女蝠俠說是有人看到牠們「掉了一地」，好心撿了送給她收容的。每隻都不到三公分大，是大概剛出生七到十天左右的小貝比。正式的名稱是「東亞家蝠」，體型很小，成蝠的體長也只有四公分多；住在建築物的各種縫隙裡，是臺灣最常見的蝙蝠。這幾隻大概是在媽媽出外覓食時，從原先「吊掛」的地方掉下來的吧！蝙蝠是哺乳類，小時候當然吃奶。十天大的小蝠體重不過 2.5 公克；而四隻小蝙蝠一頓飯的食量加起來總共只有 1cc ！這麼一丁點的食量，要是不多餵幾次的話怎麼可以呢？於是我從早上六點到晚上十二點為止，大概每三個半小時就用滴管餵牠們吃一次全脂鮮奶。而把鮮奶溫熱的方法非常簡單，只要把滴管握在手心，握個兩分鐘就行啦！為了要定時餵食，我每天把牠們裝在小籐籃裡帶來帶去，只要是看過牠們的人，都會一改對蝙蝠的刻板印象，從「應該很可怕，要離得越

動物吃吃喝喝

遠越好」，變成「好可愛，可不可以放在我手上讓我摸摸？」連平時怕動物又不愛吃飯的幼稚園小朋友們，都會為了想摸小蝠而大口扒飯呢！所以小蝠們對蝙蝠的形象及推廣教育真可說是貢獻良多。

七月初，小蝠們的犬齒已經很明顯，食量也變得比較大，不過每隻每餐還是吃不到 1cc 的牛奶。小蝠們長到快滿月，每次被餵食的時候都會趁機在房間裡攀爬走動，非常活潑。七月中旬，牠們開始吃「副食品」了，除了喝牛奶之外，偶爾還會吃一點我們擠出來的麵包蟲內臟。

養小蝠的日子就這樣一天一天的過去，小蝠們也變成可以開始直接吃蟲（只要用鑷子替牠們夾著蟲）。然後，在七月底，女蝠俠開始讓小蝠們學飛。因為在餵食的時候，偶爾就會有一隻自己拍拍翅膀，突然飛個一公尺，然後「啪呀」一聲地貼到壁紙或是窗簾上。在女蝠俠的「指導」之下，四小蝠們從只會往下滑行，變成能夠飛上十餘分鐘不停，而且還可以在空中轉彎的飛行高手。所以，在最後一次把牠們餵飽之後，就把牠們帶到原先被撿到的地方野放了。雖然心裡都很捨不得，可是野生動物就應該要回歸野外才對。

這已經是多年前的事了，但是至今我仍然會在每天傍晚時抬頭看看夜空，希望哪一天突然會有一隻東亞家蝠，不期然地停到我的肩膀上。

Frogwitch Recipe

蝙蝠不宜薑汁撞奶

材料

　牛奶 1 杯，約 250 cc

　糖　適量

　老薑 1 塊

作法

1. 把老薑磨成泥，然後手握薑泥，擠出薑汁。

2. 將牛奶倒入鍋中，加熱到攝氏 60 度，當看到牛奶出現泡泡時，便可以熄火了。

3. 先將 1 湯匙的薑汁放在碗內，再把溫熱的牛奶很快的倒進碗裡，用湯匙攪拌一下，靜置 5 分鐘，讓它凝結，一個有薑味的牛奶布丁就完成了。

溫熱的牛奶不但可以讓人身體暖和，

也可以餵飽小蝙蝠喔，因為牠雖然會飛卻不是鳥，

而是吃媽媽的奶長大的哺乳類。

不過，蝙蝠是不吃薑的啦！

03

紅鶴的發色劑

當我還在日本京都念書的時候，因為研究的題目是皺皮蛙
（*Rana rugosa*）的行為和生態，所以每週除了要上我所屬的
生態講座的專題討論課以外，還被指導教授規定要去上行為講
座與系統分類研究室的專題討論。

說老實話，雖然我是屬於生態講座的學生，但是卻更喜歡
行為講座的專題討論。因為研究生態的人，研究的主題有可能
是某一種生物的生態；或是像我一樣，既做行為又做生態，所
以研究的範圍通常比較廣。但是研究動物行為的人，則至少會
針對某一種動物的行為做深入地觀察和研究，因此往往就會有
和自己的研究對象「同化」的傾向，所以行為講座裡的每位學
生，都很獨特而且有趣。

為什麼說會和自己的研究對象同化呢？這是因為研究動物
行為的人的動作會和研究對象同步，研究對象走或飛或爬到哪
裡，就得想盡辦法跟到哪裡，當動物停下來的時候也要跟著停
下來；只不過在動物吃東西的時候，研究動物的人光是記錄就

忙不過來了，是沒有機會一起吃東西的。所以呢，久而久之，研究者的步調就會漸漸的和動物一樣，研究烏龜的就走得慢；而研究鳥的，動作就顯得很輕快。

上專題討論課時，除了討論其他科學家們已經發表的論文以外，也要輪流報告自己的研究進度。既然是動物行為的報告，當光用嘴巴講或是放幻燈片不夠清楚說明時，大家就會開始手腳並用的比劃起來，於是，看起來就更接近自己的研究對象。

在專題討論中的眾家動物「學」家（研究動物到學動物學得很像的人）裡，最令人印象深刻的是一位研究紅鶴的學妹，而且很巧的，她還姓鶴田哩（在日文裡是用外來語「佛朗明哥」來稱呼紅鶴，所以日本人在聽見她的名字時，就沒有像我這麼興奮）。

鶴田是在大阪的天王寺動物園研究紅鶴的。當她對大家描述紅鶴的求偶行為時，可真是唱作俱佳！只見她一邊拍打「翅膀」（把手臂彎折到連作瑜伽的人都會羨慕的地步）、一邊把脖子前後伸縮，讓聽眾懷疑人的脖子的伸展極限到底在哪裡；有時她還會把脖子伸直、仰天長嘯，學公紅鶴的求偶行為簡直是像到不行。所以當她在做期中報告時，平時很嚴肅的教室裡面，就大大小小笑成一團。何況她的報告內容也不輸她的「表

演」，兩兩相乘下，報告分數當然就很漂亮囉！

在研究動物的求偶行為時，通常一定要討論的，是為什麼有些雄性會求偶成功，有些卻不會。在紅鶴求偶的場合，不只是舞蹈及歌聲會影響求偶的結果，紅鶴身上的顏色更是重要的關鍵。而且，紅鶴的顏色居然還會受到人為干擾的影響呢！

大家都知道紅鶴的顏色，是有點偏橘的粉紅色。而研究的結果則讓我們知道公紅鶴的顏色越紅，就越受雌性的歡迎。野生的紅鶴會濾食各種不同的小生物，也會吃到許多甲殼類（如小蝦、小蟹等），而甲殼類吃得越多，紅鶴的顏色就會越紅、越受雌性喜愛。

世界各地的動物園在餵紅鶴時，通常都是用配好的紅鶴專用飼料，再加上一些補充性的維生素。在紅鶴的研究還沒有很透徹之前，動物園在餵紅鶴的時候，飼料中是沒有加甲殼素的。但是在發現自家的紅鶴居然會「褪色」以後，各個動物園也就急了起來，互相詢問「讓紅鶴紅回來的方法」，最後才研發出像現在這種可以保持紅鶴顏色的飼料。

　　有一陣子，臺北市立動物園裡最有趣的現象之一，就是紅鶴會去搶鴨子的飼料。而鴨子既然食物被搶，為了填飽肚子，當然也就會去吃紅鶴的飼料。結果因為鴨子的飼料和紅鶴的不一樣，並沒有加甲殼素等的「發色劑」，所以偷吃鴨飼料的「犯人」顏色會漸漸變淡，完全就是「不打自招」！話說回來，去吃紅鶴飼料的鴨子，倒是沒有半隻變紅……。

吃了就紅美乃滋蝦

材料（4～6份）

蝦　數尾
美乃滋 1 小包

作法

1. 把蝦洗乾淨，剝不剝掉蝦頭都可以。
2. 用烹飪剪刀從蝦子的背部正中央剪開到尾部。
3. 用牙籤挑掉沙腸。
4. 在剪開的部分擠上一長條的美乃滋。
5. 放到烤箱裡面烤 5 分鐘或是烤到蝦子變通紅為止。

不管是人還是鳥，偷吃遲早都會露出把柄的喔！
下次有機會到動物園看紅鶴的時候，
記得比比看紅鶴身上的顏色，再注意看
顏色淺和顏色深的紅鶴，和其他紅鶴之間的互動
有沒有差異，學習記錄動物的行為吧！

04
國王企鵝的家鄉味

在剛到動物園的那一年，我曾經輾轉接到美國學校幼幼班的老師來電，問我有沒有可能在他們帶幼稚園小朋友來逛動物園時，用英文替他們做企鵝館的導覽。

我先是興沖沖的準備了一堆資料，還問了動物調配室的負責人奚雯，國王企鵝平常都吃些什麼。而奚雯也很自豪的跟我說，臺北市立動物園的國王企鵝平時除了吃沙丁魚、鯖魚等「普通」的魚種之外，最幸運的是還會吃到來自國王企鵝家鄉的「南極冰魚」；而且應該算是全世界有飼養國王企鵝的動物園、水族館中，就算不是唯一，也是極少數讓國王企鵝吃到「家

鄉味」的動物園。關於這點小驕傲，歸根究柢就是因為臺灣人什麼都吃，連南極冰魚也可以很容易在市場上買到，所以就沒有像其他不吃冰魚的國家那樣，如果要特地替企鵝訂冰魚，就會面臨讓飼料成本變高的問題。

但是過了幾天之後，我想想不對，就算都是幼稚園的小朋友好了，也有大小班之分。對三歲小孩及五歲小孩講的企鵝，內容雖然不至於有天壤之別，但還是該有深淺之分，於是我就打電話給美國學校的那位老師，問他我的聽眾是幾歲的小朋友。

他的回答是：「三歲到四歲之間。」

這下子，我就知道我先前準備的資料，可以全部收回櫃子裡去啦！等到他們到動物園來的那天早上，我只拿了一顆幾米的月亮球就去「接客」了。美國學校的幼幼班小朋友有金髮碧眼的、有黑髮棕眼的，皮膚有白、有黃、有黑、有巧克力色，每一個都很像或根本就是個「洋娃娃」。而這些可愛到讓所有遊客都頻頻回頭的小朋友們，卻是個個有備而來，想要來考我企鵝問答題呢！他們的老師也不是等閒之輩，居然是位生物學博士。有博士學位的人在幼稚園教小朋友，對華人來說是件不可思議之事，但是這卻是替小朋友奠定好基礎的最佳關鍵呢！

無論如何，這位名叫梅爾的生物學博士替小朋友準備了好幾頁的學習單，當然是以圖畫為主，但是都很能引導小朋友做仔細的觀察。在學習單中我最喜歡的一題，是在紙上印出企鵝的背部線條，再讓小朋友畫上企鵝的腹部線條。由於每個人畫的線條都不一樣，所以就可以看到各種不同胖瘦的企鵝。

　　在帶小朋友看了一下國王企鵝以後，我的「講解」也很簡單，只是掏出我的月亮球，讓那些小不點們輪流把球夾在自己的腳踝間走兩公尺而已。這樣一來，雖然只有不到千萬分之一的體驗，小朋友們也能深切的體會到企鵝爸爸、媽媽們在孵蛋時的辛苦了。

　　動物園的國王企鵝一直都是很受歡迎的明星動物。我常聽到同行朋友跟我說：「國王企鵝生蛋是新聞、不生蛋也是新聞；蛋壞掉了是新聞、蛋孵出來了更是新聞；居然連企鵝不下水游泳都能夠變成新聞，這種炒新聞的方式也實在是太厲害了吧！」這只能說國王企鵝真的是極受大家的關愛吧。

　　在企鵝明星「黑麻糬」不下水游泳的那段期間，就有很多朋友會問說「牠為什麼不下水」，其實道理還滿簡單的。企鵝在野外時，下水的主要理由，就只有到海裡覓食或是躲避天敵而已。但是這兩種情況在動物園裡面都不太可能發生，因為國王企鵝是由管理員餵食的，管理員為了要公平的分配食物，都

會照順序給排隊的企鵝吃魚，而且管理員們認識每一隻企鵝的臉，所以就不會有「人」可以蒙混多吃啦！

當然，後來黑麻糬還是有學游泳的。企鵝館館長和其他的管理員們先讓黑麻糬站在一個沒有水的池子裡，然後開始在池子裡放水，讓黑麻糬一點一點的接觸水。據說黑麻糬在水碰到牠的腳的時候，還很努力的一直跳，想要跳到沒有水的地方去！不過等水到了一定深度的時候，企鵝本身的浮力就讓牠再也站不住、只能趴在水面上拍動翅膀和腳游泳啦。由於管理員們替黑麻糬找了最會游泳的企鵝來教牠游泳，而且那個教練還正好是黑麻糬的爸爸，於是黑麻糬也就很快的學會囉！

不過，牠在學會游泳之後，還是不會主動下水……。

Frogwitch Recipe

皇家獨享酥炸冰魚

材料

　冰魚 1 條、蛋 1 個、蔥 1 支、薑 3 片
　酒 1 小匙、鹽 1 小匙
　胡椒粉 1/2 小匙、地瓜粉 1 杯

作法

1. 把蔥和薑切好。
2. 先將蛋打散備用，再將冰魚洗淨後，放入碗中，加入蔥、薑、鹽、胡椒粉、酒和蛋拌醃約 15 分鐘。
3. 將冰魚全身均勻的沾裹上地瓜粉備用。
4. 在鍋子裡倒入約 5 杯量的油，燒熱油鍋後，將魚放入油鍋炸至呈金黃色為止。（把冰魚剖半去炸的話比較容易熟，不過難度有點高，巫婆我可是有練過的，刀功不好的朋友不要輕易嘗試喔！）

我們很難得能夠吃到跟動物一模一樣的食物呢！
雖然國王企鵝吃的是生的魚，
我們吃的是炸得酥脆的冰魚，不過還是可以
體驗「當國王企鵝」的感覺喔。

05

無尾熊的副食品

在 2005 年的過年期間，臺北市立動物園裡最熱門的動物，是剛出生的小無尾熊寶寶。遊客在看到媒體上面的報導之後，全都擠到無尾熊館的前面，想要碰碰新年的好運氣，試試能不能看見偶爾會從媽媽麗琪的育兒袋中伸出手腳、探出頭來的無尾熊寶寶。

臺北市立動物園的無尾熊，從 1999 年以來就是吸引大批人潮的明星動物。不只是臺北市立動物園而已，全世界只要是有展示無尾熊之處，都會有許許多多的遊客前往「瞻仰、朝聖」。其實這是有理由的，因為除了原產地的澳洲之外，就只有美國、日本、歐洲以及臺灣有動物園在飼養無尾熊。

臺北市立動物園飼養無尾熊的歷史比日本晚了十五年。日本從 1984 年有六隻無尾熊被送到三家不同的動物園以來，到 2007 年飼養無尾熊的動物園增加到九所、總數約有八十隻（1997 年最高峰有九十六隻），不過到了 2014 年，動物園只剩八所、飼養隻數不到五十隻。既然飼養無尾熊的動物園很

少，澳洲以外
的獸醫接觸到無尾
熊的機會並不多，於是在
日本每年都會召開一次無尾熊
會議，讓各個動物園的獸醫及管理員有
機會可以彼此切磋琢磨，交換一下平時照顧無尾熊
的心得。特別是由於從澳洲直接進口無尾熊的動物園數量少，
如何在避免近親交配的情況下讓無尾熊的數量增加，自然是讓
各動物園傷透腦筋的課題。當然，從澳洲引入新個體是最好的
方法，但是澳洲卻對新動物的輸出有嚴格的限制。所以日本這
幾所動物園在讓無尾熊繁殖時，就得注意牠們的血統，盡量讓
「沒關係」的無尾熊配對。要是在自己的動物園裡面已經快有
近親繁殖、「血濃於水」的情況發生時，就得積極的和其他動
物園進行動物交換；或是以繁殖為目的，跟其他動物園借無尾
熊。於是，和澳洲以外的動物園交流也會變得越來越重要。

　　2004 年的夏天，臺北市立動物園第一次以觀察員的身分
參加日本的無尾熊會議，開始和「距離最近的有無尾熊的動物
園」交流。那次的會議，是由九州鹿兒島的平川動物園主辦。
在無尾熊會議中，包括臺北市立動物園在內的十個動物園都輪
流報告自己動物園裡無尾熊的情況，但是在一般「正常」的報
告之外，由地主園平川動物園所做的報告，卻讓所有的參加者
都瞠目結舌，不知該如何下評論。因為他們的報告，是有關於

「讓無尾熊吃蘋果當副食品」！

　　由於平川動物園位於九州最南端的海邊不遠處，只要氣象報告說颱風轉向不來臺灣，而颳到日本去時，那個颱風大概就會猛烈的侵襲平川動物園。他們雖然種植很多尤加利樹，甚至平時還可以「周轉」給別的動物園，但是尤加利樹卻也經常因風災或水災而傾倒，使無尾熊面臨斷糧危機。雖然在這種時候可以反過來跟別的動物園借尤加利葉，但畢竟不是長久之計。

　　大概是斷糧斷怕了吧！平川動物園這個「勇敢、有挑戰心」的動物園，從幾年前開始，就嘗試著用各種不同的水果或樹葉餵無尾熊，看無尾熊肯不肯吃。根據我們大家私下的推測，因為平川動物園一共有十七隻無尾熊，是日本動物園裡數目最多的，所以「本錢足」，可以用無尾熊來做點「小實驗」。他們的實驗結果，是無尾熊肯吃蘋果，而且最多一個月可以有十一天只吃蘋果，不必吃尤加利葉！當然，被餵食蘋果的無尾熊只有少數的幾隻，而且這種方法，目前也真的是「只此一家，別無分號」。因為餵食的動物樣本數太少、又不太能夠重複進行，所以這種實驗並不算太科學。但是無論如何，這大概可以給種蘋果的果農一個鼓勵，除了繼續宣傳英文俗語中說的「一天吃一顆蘋果，就不必看醫生（one apple a day, keep doctors away）」之外，還可以用無尾熊當吉祥物，稱蘋果是「無尾熊的副食品」吧！

只此一家蘋果派

材料（4 份）

　小蘋果 4 顆、檸檬 1/2 個
　派皮 4 張、蛋汁 少許（裝飾用）
　糖 100g（可隨個人喜好增減）
　水 600cc

作法

1. 把蘋果洗乾淨、削皮，每顆蘋果縱切成 12 片。
2. 把蘋果片放到鍋子裡、加入 600cc 的水，或是水蓋過蘋果 4 公分。
3. 擠入檸檬汁、加糖，煮到蘋果變軟、變透明為止。
4. 把蘋果撈起來放在碗裡瀝乾備用。
5. 把派皮切成正方形、用擀麵棒稍微把派皮壓扁並擀大一點，把蘋果片拼回蘋果的形狀、用派皮把蘋果包起來。
6. 再把派皮捏緊，讓它看起來像蘋果的圓形。
7. 在派的表面塗上一層薄薄的蛋汁之後，放入已加熱到 180 度的烤箱中，烤 15 分鐘即可。

我們所說的尤加利樹大約有 600 種，
其中無尾熊能吃的約有 50 種，而且依無尾熊的
地域族群或個體的不同，攝食的種類或喜好
也就有所不同。

06
虎兔同籠

動物園界也和其他業界一樣，分地區及國際每年都會開個年會，讓大家交換心得。我幾乎每年都會參加的是「東南亞動物園暨水族館協會」的年會，而既然是動物園界交流的年會，即使會場不在動物園裡面，也一定會排上半天到一天的行程，讓與會的各國動物園代表去參觀地主動物園。

主辦年會對地主動物園來說是個很大的榮譽，卻也是個極大的挑戰。因為動物園平時開放給社會大眾參觀，來的遊客多半是看熱鬧的「外行」人（我是指不同行業的人喔）；但是來參加年會的，則都是動物園或是相關組織機構的主管或員工，全是要看門道的「內行」人（同業），所以為了不讓人踢館，地主動物園就算沒有大興土木，也都會挑燈夜戰，甚至讓全體員工都惡補英文，好讓自己的動物園上得了檯面，有辦法在年會的時候和他園溝通、交流。

2006 年的東南亞動物園暨水族館年會，是在越南的胡志明市舉辦，自然我們被安排參觀的就是西貢動物園。越南不比

香港或馬來西亞，英文還是不太通的，所以在逛動物園的時候，我就趕緊抓了一個算是會講英文的教育解說員來陪我逛、讓我問問題，或是翻譯解說牌上的文字給我聽。

逛動物園的時間不多，只有短短的三小時。當我和同行的學妹女蝠俠看完大象的訓練之後，就到了老虎的欄舍前面。然後，我們很訝異的發現在老虎籠裡面居然有一隻白色的兔子，正用兩隻前腳抱著一大片枯葉在啃。

我問那個解說員：「為什麼會有一隻兔子在老虎籠裡？你們餵活體給肉食動物吃喔！」

那位解說員回答：「對呀，那隻兔子是給老虎吃的。」

我再問：「那你們就不餵兔子了嗎？你看牠在吃枯葉呢！」

這下子解說員答不出來了。因為不管是在哪裡的動物園，員工都是各有所司，管動物的跟負責教育解說的，除非必要，通常並不互通有無。不過算她運氣不錯，老虎的管理員正好拎著一個有蓋子的水桶經過，於是她就把他給攔下來問問題。在他們用越南話嘀咕了一陣之後，解說員告訴我：「因為兔子是用來餵老虎的，所以就不另外餵兔子了。」

動物吃吃喝喝

　　雖然兔子沒有被餵食，不過那隻兔子顯然自己有解決之
道。在老虎欄舍的地上有長草、旁邊還有大樹掉下來的葉子，
肚子餓了就隨地啃啃，也是一餐。可是問題又來了，餵老虎的
兔子，為何會有靜靜撿枯葉來啃的餘裕？牠看起來真的很鎮定
呢！幾乎就像是在捕食者和獵物之間，已經簽下了和平協定一
樣。

我再問她：「那隻兔子是什麼時候放的？老虎不吃牠嗎？」

降級成口譯的解說員告訴我：「管理員說，這裡的老虎不喜歡吃兔子。那隻兔子是星期一放進去的。」

我去逛動物園的那天是星期三。

這還真有趣呢！兔子已經待在老虎籠裡面兩天多還沒被吃掉，難怪牠肚子餓，得自行覓食。

接下來的問題，當然是：「那妳再替我問問，在老虎籠裡活最久的兔子，一共活了幾天？」

答案是一個多月。這隻老虎的好惡還真的很分明，寧願多一個跳來跳去的同居人，也不要把牠給吃下肚。

原來西貢動物園是用生的牛肉、豬肉和活兔子交叉餵食，老虎最喜歡吃生牛肉，在沒有牛肉吃的時候是寧缺勿濫，反正牠們在野外也都是有一餐沒一餐的，有時餓一下反而比較健康呢！

再問下去之後，發現西貢動物園的獅子也是有活兔子可以吃的。於是我就再問：「那獅子籠裡面的兔子可以活多久？」

管理員說：「因為獅子很喜歡吃兔子，所以兔子才一放進去就會被吃掉了。」

　　一般來說，動物園在餵肉食動物的時候，都是給牠們吃已經處理過的肉塊、肉排等，不會給活體動物。因為那一來有可能會激發動物的野性，在飼養管理上會比較不方便；二來是怕肉食動物撲殺獵物的場面被遊客看到時，可能會對年紀小的遊客造成衝擊。可是就西貢動物園的立場來說，他們用活兔子餵肉食動物，並沒有機會讓遊客看見血腥畫面，因為獅子是「狼吞虎嚥」的就把兔子給吃掉了；而老虎則是除非迫不得已，才會勉強以兔子充饑，平時遊客在老虎欄舍前面，只會看見睡覺的老虎，以及活蹦亂跳的兔子。

　　當我回來講這個故事給我同學聽時，她的感想是：「那隻老虎真不應該，都已經當一個多月的室友了，怎麼可以把自己的朋友給吃掉呢？」

　　說的也是。不知道管理員究竟是用了什麼方法，才總算讓老虎把那隻多活了一個多月的兔子給吃掉的？

Frogwitch Recipe

虎不理芝麻兔子包

材料（10 份）

　　低筋麵粉 150g、中筋麵粉 50g
　　發粉 1 小匙、水 1/2 杯（調麵糰用）
　　鹽 1 小匙、芝麻粉 150g、
　　糖 50g、水 40 ～ 45cc（調芝麻糊餡用）
　　紅色食用色素 適量（可在大型超市購買）

作法

1. 把發粉及鹽加到麵粉中，揉成麵糰，切成 10 等分，發酵約 30 分鐘。
2. 把芝麻粉加水、加糖調勻到稍微有點糊的程度，濃度不要太稀，也分成 10 等分。
3. 把每份麵糰擀成中間厚、邊緣薄的麵皮，包入芝麻後收口捏合，揉成稍微有點橢圓形，在尖端的左右部分各用剪刀剪一小刀，捏成耳朵的樣子。
4. 將紅色食用色素調水稀釋後，沾少量畫出兔子的眼睛，剩下的還可略塗一些在兔子的耳朵和屁股處，讓兔子包看起來更可愛些。
5. 在兔子的屁股部分稍微捏出尾巴的形狀。
6. 置於蒸籠內，以大火蒸 15 分鐘。

自己做的菜沒人要吃，是很傷自尊心的一件事；
而當自己是「食物」，捕食者卻正眼都不瞧你一眼
的時候，心情可就很複雜啦！
到底是應該要衝到老虎面前提醒牠自己的存在，
還是閃得遠遠的才好呢？

07

營養失調的穿山甲

———————————————————————————

　　動物界的無「齒」之徒其實不少，外國有食蟻獸、犰狳，而在臺灣鄉土動物之中則有穿山甲。穿山甲又名臺灣鯪鯉，在臺灣的俗諺裡面，有一句是：「鯪鯉假死呷狗蟻」，意思是「扮豬吃老虎」。據說穿山甲會裝死，等螞蟻爬到牠身上時，牠再走到水邊泡水，讓螞蟻漂在水面上，然後開始享用螞蟻大餐。（其實，穿山甲並不會這樣）

　　話說回來，既然俗諺中會提到穿山甲，顯然在從前穿山甲的數量是很多的。但是，現在知道「鯪鯉」就是穿山甲的人並不多；看過穿山甲、知道牠是臺灣本土動物的人寥寥無幾；而瞭解須眼見為憑、俗諺不能盡信，曉得穿山甲平時是找蟻窩或是吃其他「土壤動物」的人更是屈指可數；不曾親眼見過穿山甲的人，就不會知道穿山甲的鱗片生長方式，更不會知道在鱗片下面還長有數根毛。近年來由於穿山甲的數量越來越少，更使得這句俗諺幾乎成了讓人「鴨子聽雷」的冷笑話。

　　全世界只有亞洲和非洲有穿山甲，加起來一共八種，臺灣

動物
歡喜
歡喜

動物吃吃喝喝

的穿山甲則是臺灣特有亞種。牠們目前面臨的危機，除了因開發而導致棲息地減少外，還會被獵捕當作肉品、中藥、皮革製品之用。據說到 1980 年代初期為止，臺灣每年加工做成皮革製品的穿山甲皮高達數萬張；而像通乳丸等的中藥，至今仍添加了穿山甲的鱗片所磨成的粉，甚至連包裝盒上都畫有穿山甲的照片呢！

最近幾年，大概是因為保育風氣漸盛，從前大家視而不見的路邊動物，在現在卻會撿起來送到專責機構來收容與救治，所以動物園每年都會收到不少大大小小的各種動物，其中也不乏穿山甲。

不過因為穿山甲很不好養，尤其是因各種理由而被送到動物園來的個體，更是「先天不良、後天失調」，存活率並不高，所以在農委會林務局的支持之下，林試所、動物園基金會、臺北市立動物園、臺大森林系等單位，從 2002 年至 2005 年間執行穿山甲保育計畫，目的在於制定收容穿山甲的醫療檢驗流程、確立穿山甲的飼糧配方，並進行飼養和野生穿山甲的行為觀察，以及個體對洞穴的使用方式。

簡單的說，就是要替每隻穿山甲都留下個體的紀錄，量身高體重、作體檢、抽血、打晶片，建立穿山甲的資料庫。飼糧配方的重要性，在於剛送進動物園內的穿山甲，起初都不吃東

西，常撐不了半個月就掛了；而飼養狀態下的穿山甲又經常會發生胃潰瘍，所以得調整配方才能讓穿山甲身強體健，又不至於過胖。至於行為及洞穴使用的觀察，不但可以增加對穿山甲的認識，更可以用來計算野外的穿山甲族群、或是改善展示場的環境，讓它更符合穿山甲的需求。

這個保育計畫執行了幾年下來，的確累積了不少的基礎資料，就連穿山甲「相親相愛」的「十八禁」錄影帶都拍到了呢！基本上，我們知道在氣溫低於攝氏二十度時，穿山甲就會流鼻水，再來就會發抖，所以在飼養時要注意環境的溫濕度；牠們自己挖的天然洞穴是冬暖夏涼，溫度可以保持一定；穿山甲要是只吃螞蟻也會營養失調；穿山甲的媽媽會育幼，小穿山甲會緊抱著媽媽的「腰」，讓媽媽帶著走來走去，到六個月大離開媽媽為止，都會受到很好的照顧等。

在野外的穿山甲會採食的昆蟲包括螞蟻、白蟻、雞母蟲、馬陸、蚰蜒、甲蟲類等。可是因為這些「食材」很難取得，所以在動物園裡面，就是用果汁機把麵包蟲、蜂蛹、蘋果、蛋黃、酵母粉、椰子粉等打成泥狀，蒸熟後再放到食盆裡給穿山甲舔著吃。要是再給牠們一點紅土的話，就會因為土中原本含有的各種營養鹽等的影響，讓便便變得很漂亮。

不過，這些都是在撿到受傷或「流離失所」的穿山甲以後

的措施。保護牠們的最好方法，就是不要棄養寵物（因為流浪狗也會咬穿山甲）、減少開發、不要食用穿山甲，更不要使用包括中藥在內的穿山甲產製品。要是臺灣的民眾繼續服用有添加穿山甲鱗片的中藥、吃牠們的肉、使用牠們的產製品的話，就會雪上加霜，讓牠們以更快的速度，從原本就已經日漸稀少的棲息環境中消失無蹤。

Frogwitch Recipe

無齒之徒精力湯

材料（2 份）

　蘋果 2 顆、煮好的薏仁 2 大匙

　椰子汁 2 罐（1 瓶）

　芝麻 少許（裝飾用）

　糖 適量（依個人喜好）

作法

1. 把蘋果洗乾淨，切成 2 ～ 3 公分大小。

2. 連同薏仁、椰子汁一起放到果汁機裡面打成汁，可依個人喜好加點糖。

3. 倒在杯子裡以後，灑幾粒芝麻在果汁上。也可以把香蕉或酪梨等軟軟的水果一起加進去。

薏仁看起來像小粒的蜂蛹，蘋果、椰子

則是穿山甲原本的飼料。再加上小若螞蟻的芝麻，

嗯！喝的時候聯想力不必太豐富。

不只吃竹子的大貓熊

端午節的時候大家都會吃粽子吧！在打開竹葉吃粽子的時候，不知道會不會有人聯想到大貓熊呢？

在大家的印象裡面，幾乎是把大貓熊和竹子、竹葉給劃上等號，認為大貓熊是吃素的。可是，牠們並不是只吃竹子而已，牠們是雜食性動物。野生的大貓熊，除了竹子以外，也會吃花草樹木的果實以及老鼠等的小動物。雖然如此，牠的主食還是竹子。

竹子一年到頭都會長葉子，可以讓大貓熊在冬天也不愁沒有東西吃，所以就不需要冬眠。只不過因為竹子的營養少，又很難消化，所以必須要吃很多才行。

大貓熊每天要吃十五公斤以上的竹子。可是在牠們吃下去的竹子裡面，居然有 80% 以上是沒有被消化就變成便便了。這是因為雜食性的大貓熊的腸子很短，裡面也沒有住些什麼能夠幫助消化竹子的微生物所致。

由於牠們的腸子沒有適應草食，所以大貓熊在一天裡面光是吃飯就得吃上十四小時。吃了馬上就拉，等腸子清空以後又立刻再吃……，簡直就像是為了吃竹子而活一樣。

　　現在，地球上包括飼育狀態下的大貓熊大約只有一千六百隻左右，所以牠們正面臨很嚴重的絕種危機。不過由於保育繁殖及其他種種因素，世界各國不少動物園都有飼養大貓熊。香港海洋公園目前有四隻大貓熊，先是在 1999 年送去的安安（1986 年出生）和佳佳（1978 年出生）；再有 2007 年送去的樂樂（2005 年出生）和盈盈（2005 年出生）。泰國的清邁動物園裡也有一對，創創（2000 年出生）和林惠（2001 年出生）在 2009 年產下寶寶林冰；林冰於滿四歲後被送回中國成都找「夫婿」，等她找到公貓熊配對的一年後，會跟公貓熊一起再回泰國住十五年。而她的爸媽原本十年租約在 2013 年 10 月到期，泰國也多付了租金讓牠們在泰國多留一年，可惜沒能再多生一隻寶寶，林惠的第二胎在懷孕一百二十八天之後流產了……。

　　此外，日本和歌山縣的冒險大世界（Adventure World）到 2013 年 8 月為止繁殖出十三隻大貓熊寶寶，成功養大十二隻，其中的梅梅（1994～2008）總共生過七隻，獲得「繁殖有功動物獎」。此外，她跟另外兩隻母貓熊永明和良濱都於 2011 年獲得「和歌山縣功勳爵」的稱號；良濱也是梅梅生的。

動物吃吃喝喝

　　在動物園裡，考量大貓熊的健康因素，除了竹子以外，也給牠們各種其他的食物。例如：從 1972 年起就開始飼養大貓熊的東京都上野動物園，在飼養雄性大貓熊陵陵（二十歲）時，除了十五到二十公斤的竹子以外，還餵食牛奶粥（用麥飯三碗、大貓熊奶加馬肉湯煮成）、蘋果二個、紅蘿蔔二根、蒸熟的地瓜二條、乾燥的棗子五個、甘蔗一公斤、大貓熊丸子二個（共五百公克重，是用玉米及大豆粉、大貓熊奶、蔗糖、水和在一起蒸熟的丸子）。而這裡面的大貓熊奶，是以人工做成的奶粉，成分很接近實際的大貓熊奶。這可是由上野動物園所

精心研發的呢！所以也推廣到各個動物園使用。大貓熊陵陵於2008 年死亡後，隔了三年，才又引進了力力和真真（兩隻都是 2006 年出生）。

　　神戶的王子動物園，則會餵他們的一對大貓熊，公貓熊興興（1996 ～ 2010）和母貓熊旦旦吃竹子和大猩猩餅乾（這是種加了玉米、大豆粉及蔗糖的飼糧餅乾，最初是研發來給大猩猩吃的）等。

　　各個動物園給大貓熊吃的「副食品」都有點不一樣，而且依照個體的大小、年紀，給的量及食譜的內容也會有點不同，這都是為了要保持大貓熊的健康所做的調整。

　　我在 2006 年 4 月到清邁動物園看大貓熊的時候，曾經問過清邁動物園的副園長有關大貓熊與遊客人數之間的關係。他很無奈的跟我說，在大貓熊到他們動物園之前，動物園的遊客量是每年平均八十萬人；在大貓熊剛到的第一年，遊客人數為一百六十萬人；但是到了第二年，遊客人數就降到了一百萬人，一直到大貓熊生了寶寶，遊客人數才又有起色。

　　老實說，大貓熊的外形真的很討喜，很惹人喜愛，但是牠們也是瀕臨絕種的動物、是推廣動物保育時的「標的物種」。因為像牠們這樣大型、廣受喜愛、受人注目的動物，是可以帶

動一般人注意到動物保育的重要性，進而捐款做保育，如此也能讓其他不受注意的小型動物連帶的獲得保護。可惜大家在看大貓熊時多半還是以看熱鬧為主，在喊完「哇！好可愛」之後，就忘了牠們為什麼會出現在動物園裡面；忘了我們其實都很希望有一天，能夠讓大貓熊及其他各種瀕臨絕種的動物，再度回到原本的棲息地去。

Frogwitch Recipe

頭好壯壯牛奶粥

材料

　麥飯或白飯 3 碗、豬絞肉 200g
　超市裡賣的排骨湯塊 1 塊
　牛奶 200cc、水 500cc
　蘋果 1 個、蔥 少許

作法

1. 事先用電鍋把麥飯或白飯煮好。
2. 把水倒進鍋子裡，等水滾後加入排骨湯塊、豬絞肉，攪拌均勻讓絞肉散開、煮熟。
3. 把火先關掉、去除浮在肉湯上的渣渣和泡沫後，把煮好的絞肉撈起來放在容器裡面。
4. 把麥飯倒到鍋子裡面煮到飯粒變得稀軟後，加入牛奶及絞肉再煮 3 分鐘。煮好後再切點蔥花灑上即可。
5. 切 1 個蘋果當飯後水果。

大貓熊不只吃竹子，牠也會吃昆蟲、吃肉，
或吃動物園為了牠們特製的粥。
為了加深大家的印象，我們今天就做一道特製的
「頭好壯壯牛奶粥」，然後配一點飯後水果吧！

09
轟動武林的白鼻心

在某個九月初的早上，我又替女蝠俠當了幾天白鼻心的奶媽。牠們小到眼睛都還沒睜開呢！是有個很惡劣的人把牠們裝在盒子裡、掛在大樹上，才被好心人發現的。

養白鼻心比養蝙蝠要來得麻煩、吵雜，而且一下子就會「走漏風聲」，被媽媽發現而引發家庭危機。因為大多數的蝙蝠就算肚子餓，我們也聽不見牠的叫聲；但是白鼻心「哭餓」的功力則是「轟動武林、驚『醒』萬教」，即使耳背的人也不得不發現牠們的存在。此外，每餐餵完奶以後還得替牠們「把屎、把尿」，要用沾了溫水的棉花替牠們按摩肛門，才能讓牠們順利的排便，所以還真是會讓人嘗盡當媽媽的辛苦。話說回來，小貓、小狗的媽媽也會做同樣的事喔，只不過牠們是用舌頭舔，更是「孝子」。

這並不是我第一次接觸到被棄養的白鼻心。當我還在念研究所的時候，也曾有一隻「流浪白鼻心」在臺北公館的金石堂書店附近被撿到，之後輾轉送到我們研究室的學弟大衛那裡

去。由於在「接收」白鼻心的第一個晚上，大衛手邊正好有一些快爛掉的櫻桃，他想到白鼻心又名果子狸，應該是「專門」吃水果的，就拿櫻桃餵牠。由於白鼻心狼吞虎嚥的三兩下就把櫻桃給吃得精光，一副很愛櫻桃的樣子，所以學弟就替牠取名叫 Cherry——「櫻桃小姐」是也。在那以後，也都一直餵牠吃各種水果。

在那段時間，我們研究室彷彿是個「動物園」，不論動物的「來歷」，反正大家都已經習慣把自己養的動物帶來帶去。比較愛亂跑的，會被關在籠子裡；比較嬌小可愛的，就有機會在外面自由活動。我養的小鸚哥笨寶是屬於後者。因為牠很貪吃，我又沒有替牠強制節食，結果讓牠胖到不愛飛，只喜歡用兩隻腳在桌上、地上走來走去，所以每天中午吃便當的時候，

牠就會在大家的便當周圍繞來繞去，沒事就會伸頭從某人的便當裡面叼飯粒到處丟著玩。

由於白鼻心是夜行性動物，Cherry 在被撿到的時候也已經長大了，屬於「野性十足」一族；再加上爪子很利，所以牠通常白天都被關在籠子裡。我們想和牠玩時，還都得先穿上大衛準備好的一件厚厚的、抱牠時專用的軍外套，才不會被抓傷，也免得因「沒有白鼻心的味道」而被牠嫌棄呢。

就這樣，動物們相安無事的過了很久時日。有一天中午，大家正在吃便當的時候，Cherry 突然從籠子裡跑出來了。起初大家只是有點驚訝，不知是誰沒把籠子門關好，才讓牠有機會「逃獄」。但是因為大家都懶得站起來把牠抓回去，所以就回頭繼續吃飯。可是，過了不久之後，原本只是在地上走來走去的 Cherry，突然跳起來直撲笨寶，張開嘴就咬了下去！大頭學長眼看情勢不對，一巴掌就把 Cherry 打下地；大魚學姐則是一把從 Cherry 的口中搶下笨寶，檢查笨寶的生存指數。還好，由於學長、學姐的眼明手快，讓 Cherry 只咬到一嘴「羽」毛，而倖免於難的笨寶，只是當了一陣子「光屁股」的鳥而已。不過呢，由於 Cherry 的「自我表態」，我們也終於去查了書，確認白鼻心是屬於雜食性動物，不只吃水果也會吃肉。於是從那天起，Cherry 的菜單中也就會有一些肉類出現，免得牠哪天又「開葷」了。

果子貍黃金雞肉派

材料（8 份）

　超市裡賣的長方形冷凍派皮 4 片
　雞肉 300g、罐頭鳳梨 4 片
　蕃茄醬 適量、沙拉油 少許

作法

1. 把雞肉及鳳梨切成丁。
2. 把沙拉油倒入鍋中，用小火加熱後，把雞肉與鳳梨倒入鍋中炒，再用
   蕃茄醬調味。
3. 把炒好的鳳梨雞肉放在盤子裡，讓它冷卻 5 分鐘。
4. 把長方形的派皮切成兩半，用湯匙把鳳梨雞肉放在正方形的派皮上，
   對摺成長方形或三角形，把鳳梨雞肉包起來。
5. 把派皮的周圍壓緊，摺一點花邊。
6. 把派放到烤箱裡，用 180 度烤 10 ～ 15 分鐘。只要派皮鼓起來，表面
   變成金黃色的時候就可以了！

「果子貍」只是個俗稱，並不是說白鼻心只吃水果。
牠是食肉目靈貓科的雜食性動物，
所以既吃肉也吃水果喔！

10
鳥為食亡

每回只要遇見認識獸醫老千、而且還相當崇拜他的新朋友時，我就會忍不住露出「只有我知道他的底細」的詭異笑容，不管老千是坐在旁邊還是遠在天邊，我就會開始說起那段「很久很久以前」的故事。這一回在泰國講給同行的義工大治聽時，卻很意外的聽到了另一個更精彩、悽慘的故事。

　　我講給大治等獸醫室義工聽的故事，是有關於我很久以前養的一隻綠繡眼。因為我是自牠才剛從蛋裡孵出來沒多久就開始親手餵養牠，在家裡也是把竹籠子的門開著，讓牠在我的房間裡飛來飛去，偶爾才會把籠門關上。不過因為我是用麥當勞的塑膠攪拌棒來卡住籠門的，牠只要用嘴巴一點一點的頂籠門，那個被卡得很好、不會掉下來的籠門就會越升越高，然

後，等我在客廳裡聽見房裡傳來一陣快樂歌聲的時候，我就知道牠一定又逃獄成功了。

我的綠繡眼平時「沒大沒小」，我在喝水的時候，牠都會湊過來站在我的馬克杯邊、低頭啄兩口水喝；有時候甚至還會撲到我的馬克杯裡，直接把杯子當澡缸，撲打翅膀洗澡呢！

而慘事就是這樣發生的。我因為從小呼吸道就不太強壯，連扁桃腺也都割掉了（手術後還跟醫生要來其中一邊泡在「福馬林」裡，放在書架上做為紀念），所以只要一咳嗽，我媽媽就會把楊桃切碎、放在鍋子裡煮到滾，等放涼再給我喝。

綠繡眼喜歡吃水果，平常我會給牠吃柳丁、橘子等可以吸食汁液的水果。而楊桃在煮過以後，因為果汁被濃縮過，所以發出的味道就更香、更強烈。當我坐在桌邊發呆，等待楊桃汁放涼的時候，只不過是走回房間拿一下東西，沒有在馬克杯上加蓋，就聽到「噗通」一聲！

我一想，完了，那是滾燙的楊桃汁，衝回客廳去時，果然發現我的綠繡眼就泡在杯子裡。我立刻把牠撈起來去沖冷水、塗燙傷藥，但是一邊塗，牠的羽毛就一邊掉。我打電話給老千求救，他人在電話線的那一頭，只能無可奈何的跟我說，我的鳥大概救不回來了。（事後他很無辜的跟學姐說：「東東摔我

電話！」）我的綠繡眼只再撐了半天。雖然這件事跟老千完全無關，我還是把帳算在他的頭上，對他撂下狠話。

大治聽一聽，很嚴肅的跟我說：「我很了解你的心情，我也有過類似的經驗。」他以前曾經養過一隻白文鳥，也是一樣親手餵大、會在家裡飛來飛去的玩。所以他們不論在做什麼事，白文鳥也都會來插上一腳。

有一天，大治呼朋引伴到家裡來開水餃大會。他們從揉麵糰開始，自己擀皮、調餡，再比誰包得快又好、誰包得漂亮又多。包完了以後，接著下水餃、加三次冷水，等到餃子熟了、撈起來要吃時……「咦，怎麼有顆餃子長得怪怪的，比較大顆，還有一邊是紅色的呢！」撈起來一看，才發現是已經煮熟死透了的白文鳥！

我聽大治講到這裡，雖然笑到都快要從椅子上翻下來了，卻還是心有戚戚的問他：「那你有用整鍋水餃替文鳥陪葬嗎？」大治回道：「我們的水餃包得很辛苦耶，而且裡面的餡多料足，怎麼可以丟掉！」我很訝異的問他：「那你總不會『廢物利用』的把文鳥也吃掉了吧？」他的回答卻更是經典，讓我們笑到餐廳裡的泰國人以為我們瘋了，因為他說：「又沒有『清腹內』（請用臺語說『ㄑㄧㄥ ㄅㄚˋ ㄌㄞ』），怎麼吃！」

Frogwitch Recipe

致命吸引力楊桃汁

材料（1 份）
　楊桃 3 個
　水 200cc

作法

1. 楊桃洗乾淨以後，把楊桃突起的「星星」部分直著切下來，放到盤子上當水果吃。
2. 把剩下的楊桃芯切成 1 公分厚的小片之後，放到鍋子裡面加水煮到滾，再多煮 5 分鐘。小心不要讓楊桃汁燒焦。
3. 放涼一點，趁熱喝，對喉嚨很好喔！

想要養寵物，就要記得那是全天候的事，不能
有一絲一毫的不注意，才不會造成無法挽回的遺憾。
在煮東西或是有很燙的東西在一旁時，
要記得把寵物關起來，讓牠們遠離危險源喔！

11

糞金龜的「便當」

在動物園的昆蟲館裡，某一次昆蟲特展中，在一片大大的壁面上，貼著大概有兩公尺高、正在推糞球的糞金龜圖像。雖然呈現的圖像是平面而非立體的，但是給人的震撼卻是絕大。因為大家都對「便便」懷抱著敬畏的態度，但要是真的與它「一日不見」，卻又會有「如隔三秋」之苦，於是在看見直徑大到可以包住一個小孩還綽綽有餘的「平板糞球」時，就會頓時被震懾得倒退三步。

我會在這裡強調那顆「糞球」大到能夠把小孩包進去，是有原因的。因為糞金龜會把草食動物的糞便先切成小塊，滾成比自己身體要大上許多倍的球狀，一路推回自己的洞穴裡去，再把卵產在糞球裡面。等到卵孵化成為幼蟲以後，幼蟲就可以吃父母留給牠們的「便當」長大成蟲。現在動物園裡有些垃圾桶旁邊有糞金龜的模型，歡迎找找！

但是弱肉強食是每個世界中都存在的通則，會強取豪奪的動物也不只是人類而已。所以若是有機會看見在推糞球的糞金

龜時，只要在一旁靜靜的觀察，通常就可以看到一些自己不做
糞球，而等別人把辛辛苦苦做好圓圓的糞球，努力推回自己洞
中時，就去搶人家工作成果的個體喔！

　　糞金龜是用後腳推糞球的。而要搶人家糞球的「挑戰者」，
則是明目張膽的從正面攻擊；被搶的一方也大多不是省油的
燈，會用前腳把挑戰者給打飛出去，有時可以飛到二十公分以
外（這樣看起來好像不太遠，但是實際上已經是糞金龜體長的
三、四倍以上的距離了。換算成打架的人類時，就會是一巴掌
把人打到七、八公尺外呢）。不過要搶人家糞球的挑戰者當然
也不會因此而退縮，多半會鍥而不捨的再三嘗試，直到自己搶
贏，或是被打到動彈不得為止呢！

同樣的動物行為，在不同時代、不同人的眼中，就會有不同的看法。法國的昆蟲研究者法布爾，他所著的《昆蟲記》是大多數人認識昆蟲的入門書，而糞金龜也是其中最令人印象深刻的昆蟲之一。因為法布爾忠實的記錄下糞金龜的行為，才更引起讀者想要去一窺糞金龜生活究竟的興趣。可是，和「理性記錄」的法布爾比起來，古代埃及人就屬於「感性想像」派。因為他們覺得糞金龜推著糞球在地面上行走的樣子，很像他們的太陽神推著太陽，從東推到西的景象；而且被推到洞中埋起來的，看起來別無他物的糞球，在隔年居然會跑出一隻糞金龜來（因為埃及人沒有觀察到糞金龜的卵），讓他們覺得非常神奇，以為糞金龜是代表創造、不死、再生之神的使者，於是古代埃及人就把糞金龜當成是「聖甲蟲」啦！

　　最後，要講一個很有趣的真實故事。大家都知道澳洲是畜牧大國，但是知不知道他們的家畜大都不是澳洲的「本土動物」，而是從國外引進的呢？由於澳洲養了牛、綿羊等各種草食獸，動物的數目比人口數量還多，所以動物便便的量自然也是非同小可。可是因為這些家畜並不是澳洲固有的，於是也沒有動物可以分解這些家畜們所產生的排遺（澳洲原產的糞金龜只會吃袋鼠等的硬糞便），因此讓澳洲陷入名副其實的「便便危機」中。到了後來，居然還是靠著進口家畜原產地的糞金龜們，才解決了這個問題。所以，不論體型大小，引進外來種生物都是一件不能輕舉妄動的事喔！

聖甲蟲太陽巧克力

材料

巧克力 約 100g

葡萄 1 串（只要是像「紅地球」等皮薄又大的品種皆可）

杏仁果 適量（看葡萄有幾顆就幾個）

可可粉 適量

作法

1. 把巧克力放在金屬容器之後，再連容器一起放到攝氏 30 ～ 40 度的熱水中，等巧克力融化。
2. 拔掉葡萄的蒂，把牙籤橫著插進葡萄裡、放到融化的液狀巧克力中，讓巧克力均勻的包覆在葡萄外面。
3. 等裹在葡萄外面的巧克力快乾的時候，把可可粉灑到巧克力葡萄外面。
4. 拿一個杏仁果沾一點巧克力，將杏仁果尖的那頭黏到巧克力葡萄上。

用葡萄裹上巧克力再沾上可可粉以後，
只要你一說做的是什麼，聯想力強的人
大概就會「食不下嚥」了。
而杏仁果之所以要把尖端朝下黏到巧克力葡萄上，
是因為糞金龜是用後腳推「太陽」的喔！

PART 2
動物沒事找事

巫婆的老師最常給巫婆的評語是「窮極無聊」，
因為巫婆只要一閒下來就會搞怪、惡作劇。
動物從危機四伏陷阱處處的大自然，
搬到豐衣足食、安居樂業的飼養環境下，
沒有挑戰也閒得發慌。
於是，為了動物的身心健康，
就得替牠們找事做、打發時間。

12

大象的重量級玩具

━━

　　「行為豐富化」又稱為「環境豐富化」，是全世界的動物園近年來在動物飼養管理上的重點。但是「行為豐富化」到底是什麼呢？

　　用白話一點的說法，就是「動物沒事找事做」。因為在野外的野生動物，每天都要為日常生活的「食衣住行」奔波操勞，還要提心吊膽小心自己不被捕食者吃掉，所以總是非常忙碌的過日子。可是在動物園的圈養環境裡面，卻是讓動物們包吃包住，不但食物會在固定的時間、場所出現，又不會有敵人在一旁虎視眈眈。所以當動物們過久了養尊處優的日子之後，不是因為運動不足而過胖，就是會開始出現一些異常的行為。

　　這些異常行為又以總是做同一件事的刻板行為最常見。像是灰狼、食蟻獸或黑熊會在展示場內走來走去，到頭來走的路線就像個 8 字形，因為那是在有限空間中可以走最長距離的路線；大象會站著不動只是不停的點頭；而明明就不是反芻動物，卻會把吃下去的東西吐出來再吃……，都是不正常的現象。這

些異常行為的出現頻率越高，就表示牠們的生活品質越差，所以只要看見動物們開始出現刻板行為，就要趕快想辦法替動物們找點事做，好讓牠們的生活多些樂趣。

在臺北市立動物園裡就有許多行為豐富化的「玩具」給動物們使用，而根據動物種類的不同，也會有不同的調整。像是黑熊的行為豐富化，是在展場的上方裝幾個有點像壓扁的水管，不定時的像洗澡用的蓮蓬頭噴水一樣，往地面上灑下許多粒狀飼料。飼料落下時由於風速、高度等變因，就會讓飼料隨機的散落在展場四處，黑熊想要吃東西，就只好在展場到處走動，有找到才有得吃。而且，要是動作不快的話，像是鴿子、麻雀、螞蟻和烏鴉等外來的動物園「偷吃客」們就會毫不客氣的搶食，所以加減達到競爭的效果。

看多了小熊維尼的故事，大家也都對熊喜歡吃蜂蜜耳熟能詳。在動物園裡，管理員們偶爾也會從野外帶蜂窩或蟻窩回來給動物們吃，但是平時讓黑熊要花點心力才能吃到蜂蜜的道具，居然是「給皂機」！沒錯，就是大家在公共廁所經常會看見的那種，壓一下才會有一滴肥皂滴出來的玩意兒。當然，動物為了要吃「好康」也是會很努力的，所以我們的黑熊日常生活還滿忙的，但也常因太勤奮去壓給皂機找蜂蜜吃，以至於三不五時就得減一下肥。

那麼，管理員是怎麼讓大象排遣寂寞的呢？大象的力氣非常大，市面上買得到的玩具或是山上的枯倒木，總是在拿給大象不久之後，就因不堪摧殘而被破壞殆盡了。管理員只好攪盡腦汁，檢討在所知範圍內，有什麼東西是可以耐重、耐操、被丟來丟去也不會壞、重量又不會太輕，可以讓大象有充分運動量的玩具。想來想去，管理員們想到了一樣好東西——大卡車的輪胎，這真的是天外飛來一筆！大卡車的載重量少則數噸，多可達十幾噸，而大象的體重大概在四到七噸左右。所以能夠耐得住大卡車重量的輪胎，也一定能夠經得起大象的體重。

　　不過假如只給大象「散裝」輪胎的話，大象只要用鼻子鉤住輪胎，輕輕一甩就可以像擲鐵餅一樣把輪胎拋到很遠的地方而造成公共危險。於是管理員們在估計過大略的長度之後，就用鐵鍊把四個卡車輪胎緊緊的串在一起，再把「小包裝」的輪胎組送給大象當玩具。四個大輪胎併在一起的寬度，大概只比象鼻子短一點點，所以大象雖然可以用鼻尖鉤住輪胎的內圈，卻因為鼻尖的吃重不夠，而不能夠把「輪胎組」丟到遠方去。

　　管理員把卡車輪胎組送給大象當玩具的點子真是妙透了！在把輪胎放到大象展場之後，一開始時，大象們會對這種陌生且烏漆抹黑的新東西心存警戒，要觀察一會兒以後才會靠過去，但是接下來，可就是「象際關係」的實錄囉！

在動物的世界中，凡事都是長幼有序；玩具，也只有「老大」可以先玩。等到老大玩膩了，其他「人」才可以依照自己的地位高低，輪流去玩這個玩具。

而看大象玩輪胎還真的很有趣，因為大象不只是往上丟它、往前推它、用腳踢它，居然還會把輪胎放在地面上，然後背對著輪胎一屁股坐上去，還會在上面彈幾下喔！那種情境，就跟人類在試坐彈簧床的樣子沒什麼分別，所以只要是看到大象玩輪胎的遊客，總是會笑到不行，再用很愉快的心情和大象說拜拜呢！

Frogwitch Recipe

迷你輪胎甜甜圈

材料（4 份）

迷你甜甜圈或中空的餅乾 16 個／片

巧克力 100g

作法

1. 把巧克力放在金屬容器之後，連容器一起放到攝氏 40 度的熱水中，等巧克力融化。
2. 拿一個甜甜圈輕沾融化的液狀巧克力，讓甜甜圈表面被薄薄的一層巧克力給覆蓋住、有巧克力的那一面朝上放平。
3. 再拿第二個甜甜圈沾液狀巧克力，疊到第一個甜甜圈上。重覆前面的步驟，到第四個甜甜圈都疊好為止。
4. 等巧克力乾硬，四個甜甜圈都被巧克力黏在一起之後，把甜甜圈放在有鐵網的盤子上，略為和盤子隔開，用湯匙挖一匙巧克力，均勻塗在還沒有完全沾滿巧克力的甜甜圈上。
5. 等甜甜圈全部被巧克力覆蓋住之後，用叉子輕輕在巧克力上劃出輪胎的刻痕。

在做好迷你輪胎甜甜圈以後，

可以試著用一隻手指頭去釣甜甜圈組，

就能夠稍稍體會大象搬輪胎的感覺了喔！

13

會打掃的人猿

在 2005 年時，有兩隻動物大大的風靡了日本，還上了最受注目的新聞排行榜。一隻是叫做「風太」的小貓熊；另一隻則是名為「吉普賽」的人猿。

有關於吉普賽的新聞，當時在臺灣的媒體上也被報導過好一陣子。那時吉普賽是一隻四十八歲的人猿，以人類的年紀來算的話，大概相當於八十來歲的老婆婆吧！而牠之所以轟動日本，並不是因為長壽，而是由於牠的聰明。因為，牠居然會「打掃」！

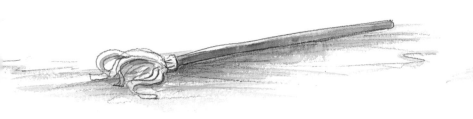

不要懷疑，是真的打掃喔！牠的動物管理員起初只是在清掃欄舍時，由於忘了拿東西而暫時離開，把清掃用具留在欄舍裡，結果回來時卻看見吉普賽居然興趣十足的在把玩清掃用具。於是管理員一來是好玩，二來也是怕牠會無聊，就給了牠一個水桶、一把刷子當作行為豐富化的道具。結果，也許是因為人猿的智力真的超越其他動物許多，或在動物園裡「觀察」

管理員的資歷夠久，當吉普賽一拿到「新玩具」，就立刻有模有樣的一「手」拎水桶、一「手」拿刷子開始對著地板猛刷。接下來，牠還走到牆邊，舉起刷子刷牆壁！

　　驚訝的動物管理員在姑且一試、教學相長的心態下，又給了吉普賽許多不同的道具，包括帽子、扇子、毛巾、抹布、襪子、手套等。結果，發現吉普賽果然是基於數十年來的觀察心得，學習到管理員的做事方法。因為牠在拿到這些東西之後，不論是哪一樣物品，都是依照人類在「對待」那件物品時的行為來依樣畫葫蘆的。牠會把帽子戴到頭上，或是拿起來搧風；當然，扇子也是拿來揮動、搧風；襪子、手套是拿來套在手或腳上的，不過牠並不會把四肢全套上襪子或手套，只會拿起一隻手套或是襪子，輪流套到手或腳上。而最精彩的，則在於牠對待毛巾和抹布的方式。

　　對吉普賽來說，和水桶放在一起的抹布和毛巾的作用是一樣的。牠會拿著毛巾（抹布）到展示場裡的水邊浸水，或是用水桶「打水」之後，把毛巾（抹布）泡到水裡面弄濕，再用兩隻手很用力的把布給擰乾！而且，牠接下來居然還拿著布，先擦擦自己的頭頂、額頭，再用同一條布在牆上努力的擦、在地上用力的擦，然後把布放到水裡漂一漂、拿起來擰乾，再放到自己的脖子上掛一下，接著又重複之前的動作，再繼續擦自己的額頭、擦牆、擦地、擰抹布的動作。

這讓所有看到牠行為的人都目瞪口呆。因為要把布擰乾是一件需要學習的事，而且真的要把抹布擰乾，並不是兩手平行的把抹布橫拿著擰，而是要兩手一前一後的拿著抹布直著擰，才能夠把水都給擰出來，這可是日本人每天在擦榻榻米、地板、窗戶時的打掃心得呢！不做家事的大人、小孩，可就沒有得到真傳。所以在一旁看見吉普賽擰抹布的遊客都忍不住驚嘆：「就連現在的日本小學生都不會擰抹布了，一隻人猿居然會做得這麼好！」所以在消息傳出去以後，日本的媒體都衝到東京都立多摩動物公園，去拜訪這隻聰明的人猿。

　　多摩動物公園不只是以人猿聰明著名而已，還擁有創新紀錄的「空中迴廊（sky walk）」。由於人猿在原本的野生環境中會懸垂在樹上，或是用兩隻手攀爬移動，所以有不少動物園就會在飼養環境許可的情況下架設高塔，讓人猿可以攀爬，以便讓牠們展現原本應有的行為。而多摩動物園的這種塔有九座，離地十數公尺高，使得人猿們可攀爬的距離可延續一百五十公尺。這個空中迴廊是在 2006 年 6 月初才完成的，人猿們先觀察了大約一個星期後，才由年紀比較小的人猿「波比」以牠的冒險精神，首先橫度了一百五十公尺長的空中迴廊。

　　而最近的最新消息，是由於人猿們在離地那麼高的地方攀爬也不會掉下來，讓考生覺得要是能夠分享到人猿的「爬高經

驗」，就能在考試時也「不掉下來」，於是多摩動物園的教育解說員就製作了一套「合格祈願」貼紙，在人猿的高塔下面分發給考生，好讓他們能夠金榜題名呢！

這些人猿們最令我羨慕的一點，是牠們的室內展示館居然有一部分是由畫《龍貓》、《神隱少女》等著名卡通動畫電影的宮崎駿所率領的「吉卜力工作室」所設計的！能夠請到大師來「裝潢」，可真是太「奢侈」啦。不知是不是受到動畫大師的薰陶，多摩動物園的人猿們，最近也開始畫畫了喔，而且畫得還有模有樣呢！

Frogwitch Recipe

吉普賽優格水果沙拉

材料（4 份）

　蘋果 1 個、草莓 1 個、香蕉 1 根

　蓮霧 2 個、棗子 3 個

　（亦可隨季節的不同，買自己喜歡的水果）

　原味優格 2 盒

作法

1. 把所有的水果洗乾淨、去籽、切成 1 公分左右的小方塊。
2. 把水果丁放入大的玻璃碗或類似的容器中。
3. 想要更豐盛一點的話，可以再倒入原味優格攪拌均勻，會更順口。

　（想吃甜一點的人，還可以加一點果醬或蜂蜜喔！）

人猿吃的東西和人類其實差不多。

動物管理員在下午時從冰箱拿出來給牠們吃的點心，

完全就是我們在市面上看到的原味優格，

以及各種不同的水果；只是我們要給自己吃時，

會把水果沙拉裝在美美的餐具裡、有規矩的吃而已。

14

動物殺時間

　　人類在閒暇時候的娛樂，有看書、聽音樂、看電影、跳舞、唱歌、逛街……許許多多的選擇。但是在飼育狀態下的動物們，除了吃就是睡，除非動物管理員們有特別替牠們設計一些行為豐富化的道具，讓動物們可以玩一些接近原始習性的遊戲，其他剩下的時間就只有靠自己找樂子了。

　　近年來，臺北市立動物園裡的草食獸區，有許多動物是以「混養」的狀態來進行飼養，也就是說把不同種類的動物養在一起，這樣的混養方式有許多好處。

　　例如以前在夜行館（已拆除，改建成熱帶雨林室內館），樹懶和鶇鶉是養在同一個欄舍裡的。大家都知道樹懶的動作非常的慢，慢到連名字都被取成「懶」，這是因為牠是樹棲性的，總是待在樹上不動，好像在偷懶一樣。也因此，牠在動物園裡的飲食，要不是有動物管理員們很辛勤的驅除蟑螂、幫忙顧著的話，大概十有九成，會在樹懶吃到之前，就有不速之客捷足先登，先替牠試味道呢！

於是，管理員們就想到讓會吃蟑螂的鶤鶉和樹懶同居。這樣一來，當遊客站在樹懶的欄舍前面時，既不會覺得樹懶都不動很無趣；而樹懶的食物也有鶤鶉幫忙照顧，不會再被偷吃了。

　　另一個例子，則是發生在動物園的非洲動物區中。在非洲的大草原上，本來就有許多種草食動物會一起奔馳、共用水池喝水、共同警戒大型獵食動物。為了要讓牠們原本的生活能夠在動物園裡重現，或至少接近牠們在野外的習性，動物園就把馬羚與長頸鹿、蘇卡達象龜放在一起；而成群的斑馬，就在隔壁的展示場中。基本上，除了象龜似乎曾經被長頸鹿踢成四腳朝天外，大體而言動物們彼此是相安無事的。

　　非洲區混養的動物們都是在二度空間活動，腳踩同一片大地；但是，在熱帶雨林區的大長臂猿及山羌，牠們的關係可就很微妙啦！因為長臂猿大部分時間是在樹上活動，地上的空間閒著也是閒著，那麼還不如養些像山羌之類的草食獸，讓共享同一個空間的不同動物，可以互相「閒閒沒事找事做」。

　　大長臂猿擅長以兩手兩腳攀爬，而且不只是上上下下的爬，還會從這棵樹盪呀晃呀的到另一棵樹去。因為在雨林區那樣樹木茂密的地方，要是走到哪裡都得先下地再爬上樹，不但麻煩又有可能會遇到危險。所以長臂猿要是能夠只在樹上活動的話，就可以減少很多麻煩。

當然，在動物園的展示場中，有樹歸有樹，但並不會茂密到讓長臂猿看不見下方。而當牠們看見下方有山羌在走來走去時，牠們會做些什麼呢？這可是動物管理員們設計展場的一個成功實例，因為動物們的確有「互動」呢！只要在展示場前面站得夠久，一直盯著長臂猿看，你一定會看見長臂猿在樹枝間盪來盪去，而牠那樣做除了移動之外，也還別有所圖喔！牠會躲在樹上，看看山羌是在哪裡吃草，然後，牠就會盡量無聲無息的攀或盪到山羌所在位置的正上方，想要趁機放手好坐到山羌的背上去。

山羌當然也不是省油的燈。像山羌這類的中小型哺乳動物，既然沒什麼攻擊性，當然就得時時提高警覺，以免自己被捕食者給吃掉。但是因為山羌和長臂猿同居久了，知道長臂猿實際上不會對牠造成什麼危害，所以也都氣定神閒的，不會因為長臂猿已經離自己不遠，就「咻」的一聲，跑到遠處去躲起來。

很絕的是，山羌會等到長臂猿的手從樹枝上放開的那一瞬間，立刻往旁邊跨一步，讓滿心以為「這次可以得逞了」的長臂猿，一屁股掉到地上去！然後，長臂猿就算再不甘心，也不會對山羌怎麼樣，只是爬回樹上，再度窺伺下回「騎」山羌的機會。

牠們的「惡作劇」行為，實在是和閒得發慌就不停的去戳弄旁人的小朋友沒兩樣吧！由於長臂猿和山羌的這種互動實在是太具有「人性」了，於是只要能瞧見這些畫面的遊客，可都是看得笑呵呵呢！

惡作劇騎士蛋糕

材料

　奶油起士 1 盒、Oreo 餅乾 100g

　奶油 30g、雞蛋 2 顆

　鮮奶油 200cc、糖 80g

作法

1. 做起士蛋糕之前，先把奶油起士從冰箱拿出來放到室溫下回溫。

2. 把 Oreo 餅乾的夾心部分刮起來，留著之後加入奶油起士中，取代部分蛋糕中所需的甜味。

3. 把已刮掉夾心的餅乾裝在塑膠袋中，用擀麵棒或其他硬物敲碎成粉狀，再加入奶油和勻、鋪在蛋糕模的底部壓平之後，放到冰箱中讓它變硬。

4. 把奶油起士放到大碗中，連同刮起的夾心部分和砂糖一起攪拌均勻。在大碗中打入一顆雞蛋，攪拌均勻以後，再打入第二顆雞蛋、拌勻。再把鮮奶油緩緩倒入，邊攪拌邊倒，直到全部均勻沒有結塊為止。

5. 把和好的餡料倒進從冰箱拿出來的蛋糕模中，放進已預熱到 160 度的烤箱中烤 20 分鐘，再將溫度調高到 180 度烤 10 分鐘，或是表面已經變成淺咖啡色為止。

咖啡色的起士蛋糕層代表山羌，

黑色的 Oreo 餅乾層代表長臂猿。

平常是長臂猿騎在山羌身上，但在做成蛋糕時，

我們就幫山羌復仇，讓牠坐在長臂猿身上。

在烤好的蛋糕上鋪上葡萄乾和小金桔，

不但可以讓口感更豐富，萬一蛋糕表面烤醜了，

也可以用來美化一下。

15

猴來沒事找事做

　　智力越高的動物，越容易感到無聊。有關這一點，我們從會打掃的人猿、會逗山羌的長臂猿等身上看得出來。當動物覺得無聊的時候，動物管理員們也會盡量替牠們找點事做，而這些事情都是根據野外的研究成果為基礎來設計的，可不是管理員天馬行空隨便弄的喔！其中最常見的，就是替牠們增長覓食的時間。

　　大魚學姐是第一個長期在野外追蹤臺灣獼猴的研究者。當她還在念碩士時，幾乎所有的時間都待在墾丁，追蹤猴群。幾年以後，有人拍了一部名為《毛毛臉的故事》紀錄片，就是記錄她當時觀察的那群臺灣獼猴呢！在她的研究期間，我只有跟過一次，然後就從此被貼上「謝絕參觀」的標記。因為不知道為什麼，猴群的老大看到我時非常生氣，一直很激動的搖樹，搖到大魚學姐說：「妳是不是前輩子欠了牠什麼？我從來沒見過牠這樣呢！」

當時她每天在天還沒亮的時候就起床，走到社頂公園的林子裡去等猴子睡醒、出來活動。然後，她就一路跟著猴子走，記錄牠們一整天都在做些什麼，一路跟到傍晚時分猴兒們停止活動、準備睡覺時，才回到住處去整理當天記錄到的資料。由於猴子們待的地方是從前的海底，牠們爬來爬去的山其實是珊瑚礁，所以大魚學姐的球鞋及牛仔褲的損耗率極高，一雙鞋差不多只能撐兩個星期就破底啦！而在剛開始的時候，為了要讓猴子們認識她，能夠在對她沒有戒心的狀態下做出正常的行為，她每天都穿同顏色、同款式的襯衫及長褲，讓墾丁的居民差一點就要捐衣服給她這位「沒錢買衣服換」的大女生呢！

　　言歸正傳，簡單的說，大魚學姐把猴子的行為分成休息、理毛、覓食、敵對、其他等。每天長時間觀察、記錄之後，再分析牠們做每件事的比率是多少。此外，當她看不見猴子的時候，她就當「拾糞隊」，到處撿猴大便看它們的「新鮮程度」，然後回到實驗室再把大便清洗乾淨，用肉眼或顯微鏡判斷便便裡面包含了哪些東西，再來判斷猴子都吃些什麼。於是在墾丁追猴子追了許多年之後，她不但很清楚每隻猴子的位階（地位高低，誰要聽誰的話）、吃什麼以外，也知道牠們每天都去了哪些地方、做了哪些事。

　　經過這樣長期的追蹤調查，也讓大家更清楚臺灣獼猴的食性。臺灣獼猴是雜食性動物，會吃超過一百種以上的食物；其

中又以植物為主，葉子占了三分之一。當然，果實可說是牠們的最愛。而臺灣獼猴每天找東西吃的時間，也整整占了一天的三分之一！

　　既然野生臺灣獼猴的食譜這麼多樣化，動物園裡為了要讓獼猴過接近大自然的日子，也就要增加食物的種類及覓食的時間囉！於是動物園的管理員們，不但在動物的展示欄舍中加了許多可以給牠們吃的植栽，也想出了用棕刷餵食盤、竹筒藏食罐、麻布袋等來增加臺灣獼猴在覓食時的難度。而且，這些「食物容器」也不是放在地面上的，它們會被藏在三度空間的樹上、石頭上或是樹洞裡呢！

　　所謂「棕刷餵食盤」，是把許多的長方形棕刷排放在大鐵盤上，再把花生、南瓜子、葵瓜子、西瓜子、枸杞等各種乾果、堅果類，塞到棕刷的毛裡面，讓猴兒們得一根根、一排排的翻撿棕刷才能找得到乾果吃。「竹筒藏食罐」顧名思義，是用竹筒來藏食物，讓猴子得把竹筒拿起來搖晃許久，像是從撲滿裡倒錢出來那樣，才會吃得到從竹筒上的小洞掉出來的食物。而麻布袋，是把各類的食物放在裡面，讓臺灣獼猴得把頭或整個上半身都探到袋子裡去以後，才撈得到食物吃。由於管理員們的腦力激盪及巧手幫忙，動物園的猴子及各種靈長類不但吃得健康、日子也過得「有聲有色」！這就是野外的動物研究與動物園內的飼養管理互相結合的最好例證喔！

Frogwitch Recipe

暗藏玄機馬芬蛋糕

材料

　　牛奶 120cc、奶油 70g、蛋 1 個
　　低筋麵粉 180g、發粉 1 又 1/2 小匙
　　砂糖 60g、鹽 少許
　　去殼瓜子、枸杞、葡萄乾、碎杏仁、碎核桃等 共計 150g

作法

1. 先將烤箱預熱到 150 度。
2. 把牛奶和奶油混合均勻以後，加蛋攪拌。
3. 將低筋麵粉、發粉、砂糖和鹽等加到（2）中，先攪拌 1 分鐘後再加入各種乾果類攪拌均勻。
4. 把混合好的材料倒入鋪有鋁箔或蛋糕紙的布丁模中，用 190 度烤 15 分鐘；或是將蛋糕烤到鼓起來，表面變成淺咖啡色、插竹籤下去不會黏住為止。

為了要消解靈長類的無聊、替牠們打發一點時間，
動物園的工作人員會把各種飼料藏到棕刷
或其他容器中，讓靈長類去找來吃。
藏在馬芬蛋糕中的各種乾果類越多，
吃到及找到時的幸福感就會越大喔！

16

健康跑步機上的刺蝟

在臺北市立動物園裡，為了要鼓勵員工們主動參與動物園的業務、多出點子，想出對動物們有益處、對動物園有利、對環境友善的主意，從 1999 年就開始舉辦「創新獎」的徵選活動。這個獎分個人組、團體組，從創新獎設置以來，每年都有很多作品參加，也真的有許多超讚的點子出現。

創新獎的首獎稱為「梅花鹿獎」（梅花鹿是動物園的園徽）、第一名為「企鵝獎」、第二名為「無尾熊獎」、第三名為「臺灣黑熊獎」。而佳作的名稱則會依每年的生肖改變，例如「老虎獎」、「臺灣獼猴獎」等。創新獎的內容五花八門，什麼內容都有。參賽者也都使出渾身解數，攪盡腦汁來提升自己的工作品質，努力讓動物享受到最好的福利。雖然基本上每年都有平均五十人左右參賽，但是卻有人硬是幾乎年年上榜、經常得獎，而且得的都是大獎 —— 他就是動物園的點子王阿彪；而廣受好評的刺蝟「健康跑步機」，就是出自阿彪之手。

　　臺北市立動物園的刺蝟，之前是展示在夜行動物館裡面的。牠們平常吃木瓜、香蕉、芭樂、柳丁、顆粒狀的貓飼料，以及一兩隻麵包蟲，偶爾才有蟋蟀「加菜」。可是由於牠們也和其他館的動物們一樣，經常會面臨因為「多吃少做」而造成運動不足、體重增加的問題。所以動物管理員范姜就拜託阿彪，請他替刺蝟們設計健身器材，而後阿彪就想出了用舊水桶改造成「健康跑步機」的創意點子。

　　這個跑步機的外觀，看起來和市面上賣給寵物們用的差不多，只不過寵物店裡賣的是金屬網籃狀的跑步機，價位不低；阿彪版的則是用老舊回收的破水桶剪成的，完全不花錢，而且非常環保。阿彪還另外做了一點研究，發現市面上賣的寵物用跑步機上裝有橫桿，這對於倉鼠或是楓葉鼠等小型鼠類沒有影

響，但是卻經常把在跑步時會不時回頭看自己跑了多遠的刺蝟給打下來。於是阿彪版的跑步機就是個「光裸裸」的圓形機器，讓刺蝟在跑步時完全沒有障礙。另外，阿彪還在水桶的邊緣裝了計步器，所以還可以記錄刺蝟一天跑多遠、跑多久、最快時速是多少呢！

夜行館一共有十幾隻刺蝟，可是卻只有一個跑步機，所以只要站在刺蝟的欄舍前夠久，就可以看見刺蝟們為了要健身而搶破頭、爭先恐後的擠上跑步機占位置，或是硬跳上跑步機把別人給擠下來、自己再跑步的情景。不過最有趣的一點，就是再度證明了包括人類在內的動物劣根性。因為有時候擠不上跑步機，或是被別人給擠下來的刺蝟，竟然會留在跑步機旁邊，用「手」去按住旋轉中的跑步機，讓跑步的刺蝟不是無法繼續跑下去，就是跑得很吃力呢！感覺上就好像是哥哥、姊姊想要自己去玩，不甘心被留在家裡的弟弟、妹妹就用手抓住腳踏車的後座，不肯放手讓哥哥、姊姊得逞一樣呢！荀子果然不是蓋的，「性惡說」居然也能套用到動物身上。

在跑步機使用了一年之後，刺蝟們真的變得精瘦多了，短短腿看起來也長了一些呢！而阿彪哥的這項跑步機發明，也讓他再度獲得「梅花鹿獎」，成為媒體的寵兒。

Frogwitch Recipe

刺蝟西洋梨甜點

材料（8 份）

西洋梨 4 個
玉米片或杏仁片 120 片左右
小糖果或葡萄乾 24 顆
紅酒 適量

作法

1. 把西洋梨洗淨去皮，放到小鍋中。
2. 倒入紅酒至蓋住梨子梗為止，煮時略為翻動西洋梨，使紅酒入味。
3. 以中火煮至西洋梨變紅色、紅酒剩 1/3 為止。
4. 取出放涼後縱切成兩半，在頭部放小糖果或葡萄乾裝飾出眼睛和嘴巴。
5. 在「刺蝟」的背上插上玉米片或杏仁片當成刺。
6. 再將裝飾好的西洋梨放到烤箱裡面用上火烤 3 分鐘就大功告成囉。

西洋梨在烤箱烤過之後，會流出一點果汁來，
所以烤盤上要記得鋪一層錫箔紙。
流出來的果汁是金黃色的，
像不像減肥過後流出來的油呀，哇哈哈！

17
小獸體檢保定板

為了確保身體健康、沒有出問題，不論是動物或人，都必須要定期做健康檢查。健康檢查的項目也是「人畜共通」的，從身高（體長）、體重、驗血、驗尿到照 X 光片，一樣不缺。但是，在替動物體檢時，動物們不一定知道獸醫是「一片好心、沒有惡意」，所以常有因「語言不通」而驚慌失措，導致檢查的結果不太準確的情形發生（就像我們在量血壓或是脈搏前，一定不能先跑步或運動一樣）。

此外，在恐慌之下，動物常會掙扎、想逃，不肯乖乖的受擺布，因此獸醫及動物管理員們光是要替牠們量體長，就得花上滿久的時間。量體重比較簡單，只要把食物放到磅秤上，等牠們被「拐騙」到磅秤或是地磅上去吃東西時，再減掉食物的重量就行了。無論如何，為了縮短作業時間，或是為了動物好——減少動物因為掙扎而發生受傷或「緊迫」情況（即動物感受緊張或壓力時會引起腎上腺素、可體松等荷爾蒙的改

變），獸醫及管理員們就得替動物們做「保定」。也就是說，工作人員必須用手或使用器械，把動物局部或全身保護、固定住，讓牠們沒辦法亂動，以確保人和動物雙方都不會受傷，再進行檢查、採樣、投藥或其他操作。而在操作過程中，為了避免讓動物產生不必要的痛苦或傷害，還要先考量保定的器械是否會傷害動物、動物保定時的姿勢是否造成不適、保定時間能否盡量縮短等問題。

有些保定是一個人或是幾個人用手抓住動物的特定部位，好讓牠們動彈不得即可。像是有些小型動物，便可以用毛巾把牠們裹住，只露出頭或腳等部位來治療或檢查；但像大象、河馬或是犀牛等大型動物，就得在欄舍裡面加裝可移動式的金屬柵欄，要檢查時就用這道柵欄把動物夾在中間，讓牠沒辦法轉動身體以後再進行操作。不過到了要照 X 光時，情形又有點不一樣了。對於大型動物，獸醫們不是先把動物「夾」在可動式的柵欄裡面拍，要不就是替動物麻醉以後，再使用 X 光機替牠們拍照。但是因為麻醉對動物（包含人在內）的身體多少都會造成負擔，能少用就少用，所以在小型動物必須拍 X 光時，獸醫們就希望能在不麻醉的狀況下拍攝。此外，雖然牠們在照 X 光前不用像我們那樣，得先把身上的金屬材質飾品拿下，而且只能穿沒有扣子、拉鍊的衣服；但還是一樣得盡量貼緊機器才行。可是因為獸醫們就算對動物們說：「請深吸一口氣、把胸口或是要接受拍照的部位貼在機器前面……」也沒有

用，該如何才能讓動物「乖乖的、不要亂動的」停在 X 光機前，好好的拍張照片，長久以來一直是獸醫們的煩惱。要是用手抓著動物拍 X 光的話呢，獸醫的手就會曝露在放射線下面，久了以後可能會出問題；用毛巾裹住動物，動物還是會踢踢滾滾，拍出來的 X 光照片可能會模糊一片。於是，有一年的動物園創新獎競賽作品中，就出現了一種很實用、製作價格又很實惠的「小動物保定板」，提案者是女獸醫甄芳。

甄芳的手很巧，她先在壓克力板上貼了許多魔鬼黏 A 面（毛的密度密，摸起來比較細、比較舒服的那一面），讓壓克力板變身成為「魔鬼黏 A 面板」，然後，再準備了許多長長短短不一的魔鬼黏 B 面（摸起來刺刺粗粗的那一面）。這樣一來，在要替小動物拍攝 X 光的時候，只要把動物抓來放在魔鬼黏 A 面板上，再以迅雷不及掩耳的速度把魔鬼黏 B 面跨過動物的身體各個部位，黏到魔鬼黏 A 面板上，動物就會「喪失行動能力」而任憑獸醫擺布啦！而且魔鬼黏不會像膠帶那樣，在撕掉的時候會把毛一起給撕下來，造成動物的痛楚（大家有沒有把身上的 OK 繃撕下來時，連同傷口附近的毛一起扯下來的經驗？很痛吧！），所以甄芳的小動物保定板，頓時就成為叫好又叫座的「創新發明」啦！

當然，「小動物保定板」也進入創新獎前三名的決選，成為獸醫們口耳相傳的獲獎作品之一呢！

Frogwitch Recipe

魔鬼黏熱狗派

材料（4份）

　熱狗 4 條、正方形的派皮 3 張
　美乃滋 適量
　裝飾用的蛋汁 少許（選擇性的使用）

作法

1. 在鍋子裡燒水將熱狗煮熟。
2. 先把 2 張派皮對切成 4 張長方形的派皮，並切掉一些長度，讓它比熱狗約短 2 公分。
3. 把另外一張派皮對切成兩半之後，再把長方形的派皮橫向切成許多寬 1 公分的小派條。
4. 在已切成長方形的派皮正中間擠一長條美乃滋，把煮好的熱狗擦乾、放上去。
5. 用 3 條小派條以相等間隔蓋在熱狗上、壓緊兩邊。若想要派的顏色比較漂亮的話，可以在派皮上抹一層薄薄的蛋汁。
6. 放進烤箱裡面用全火烤 10 到 15 分鐘（亦可參考派皮包裝上的說明），讓派烤到帶點咖啡色就完成了（而每次烤出來的形狀都會不一樣的熱狗，就好像動個不停的小動物呢）。

熱狗派底部的派皮，就像是放小動物用的保定板。
而把熱狗固定在派皮上的派皮條，
就相當於固定小動物用的魔鬼黏囉。
不過由於「食」物和「實」物的類似度太高，
所以在吃熱狗派的時候，最好不要「想太多」
才不會吞嚥不下喔！

18

無解的解藥

有一年春天，動物園最「高級」的義工──某邦交國大使夫人「荔枝」要到宜蘭冬山河慰勞來自母國、在童玩節表演的舞蹈團員時，我們就「假（她的）公濟（我們的）『公』」，一起跟去看舞蹈，順便到某個知名雉雞園看雉雞。因為她上回因屢行公務到宜蘭拜會時，負責安排行程的人沒有給她充分的時間去逛鳥園，害她一直對這件事感到非常的遺憾。

路程遙遠，在車上閒閒沒事，我就開始對老千獸醫嘀咕：「上班好累喔！我覺得我成天都掛在電話上講個不停，還要一直跑來跑去，連寫公文和伊媚兒的時間都沒有呢……。」

但是這話卻立刻換來老千的一陣臭罵：「累？妳那叫休息！妳來我們那裡操上半天，就會知道什麼才叫累！以後妳就會感謝自己的工作很輕鬆了！＠#$%&……」

認識半輩子以上的老同學，就算是馬齒徒長，講話已經收斂許多，卻仍舊是斬釘截鐵，在「外人」面前也絲毫不留情面。

在我完全沒有插嘴的餘地之下，老千已經對他忠實的部下寶獸醫發出指令：

　　「下回替羊體檢的時候把她也找來！讓她見識一下光是幫『還算乖』的羊體檢就有多辛苦，她就會對自己的工作心存感激啦！居然還有時間說心情不好，我們這邊可是在拚命呢！」

　　寶獸醫多少還算我的忠實讀者（會嫌我哪裡寫或譯得不好的那種），倒是不會在這種時候落井下石，但面對著正在冒火的老千，自然不敢有絲毫違抗。她乖乖的應聲說好，對我說：「等體檢的確實日程排出來以後，我就會打電話通知妳。」

　　在這裡要附帶說明的是動物園裡的動物每年都至少要體檢一次。獸醫室照年度的上半年和下半年，替動物們排定健康檢查的日期。有些小型、比較好操作，只要單獨一人就能夠搞定的物種，獸醫只要在輪值的時間中，把自己管理的動物給檢查完即可；至於那些大型或難纏，需要請獸醫室，甚至連動物組的壯丁們全體出動，又抓又趕又推又拉才能進行檢查的物種，就得在半年以前就訂出時間，好讓「人力調配表」上的人把時間空出來，並且早早就開始鍛鍊身體，免得應付不了各種可能發生的突發狀況。

　　老千可能萬萬沒有想到，我對他的這個提議可是雀躍萬

分，從聽見這句話的那一秒鐘開始，就摩拳擦掌躍躍欲試，簡直就是等不及了。於是在接下來的兩個月，每逢我看見寶獸醫，就會大聲對她叫：「妳什麼時候要替羊體檢？」讓她陷入夢魘之中。到後來，她只要一看見我就把耳朵給搗起來，邊喊：「會啦，我會記得告訴妳。」邊加快腳步逃出我的視線。

到了十月，在苦等不到寶獸醫自首之後，我迫不得已的只好打電話到獸醫室去追緝她。不管她是否交待過不要接我的電話，不會說謊的「荔枝」夫人最後只好很誠實的就把電話轉給她。寶獸醫一聽是我，嘆了一口氣說：「有啦！我明天就要替羊體檢了。妳明天早上九點到可愛區來吧！記得穿準備要丟掉的衣服來喔。」我掛了電話，很高興地就對助理說：「我明天下午可能會休假喲！」因為既然得穿「準備丟掉」的衣服的話，在我的想像之中，意味著在體檢完之後，顯然就會變得既臭又髒且狼狽不堪，還多了許多踢痕、咬痕或是撞痕，所以一定是得回家洗澡才行的。只是，萬一真的如我預期的一般「慘烈」的話，公車司機肯讓我上車嗎？

期待了三個月的體檢，結果卻是雷聲大雨點小。

我在差十分九點時打電話給寶獸醫，告訴她我已經在穿雨鞋，準備要到可愛動物區去等她了。她說：「唉呀，妳那麼早去做什麼，我還沒準備好呢！等我要離開獸醫室時打電話給

動物沒事找事

109

妳，妳那時再出來就好了。」

　　我癡癡地等到十點多，還是沒等到電話。再打電話到獸醫室去時，接電話的大個告訴我：「寶獸醫？她早就到現場去了。」被放鴿子的我只好邊快步衝向可愛區，邊在肚子裡臭罵她。

　　找遍了可愛動物區，無論哪一種羊的欄舍內，都沒有寶獸醫的身影。在擴大搜索範圍之後，我在乳牛小白（真是沒創意的名字，從前居然還有一頭名叫小黑的乳牛）的身邊找到她。小白的下巴上長了一顆壘球大小的膿包，據說是因為蛀牙而形成的。寶獸醫正在努力地掏空它，整個過程，只能用「血流如注」來形容。

　　趁著小白被上了麻醉，可以任人擺布的時候，我摸了那顆膿包一下。就算裡面已經差不多被挖空了，卻還是硬得按不下去，感覺就像是用一隻指頭去壓真皮製的公事包一樣。

　　在替小白打完麻醉的解藥，等待牠恢復的空檔，我又跟在寶獸醫後面去看另一頭牛。這回是條黃牛，名字叫小黃！

　　因為只是要替小黃打肺結核的預防針而已，所以過程應該很短，只需剃掉一點毛、上麻醉、打肺結核針、再打麻醉的解藥就行，理論上從頭到尾不需要超過五分鐘。但是在小黃照理

應該清醒了的時候，牠卻「ㄆㄧㄤˋ」地一聲，摔倒在地。一大坨、重達四百公斤左右的「牛肉」砸到地面上的聲音，真的是把我嚇得當場跳了起來。小黃不只癱軟在地，黑眼珠也越來越往下沉。為了怕小黃會被自己的口水嗆到、從此一覺不起，寶獸醫除了一邊吆喝其他的獸醫和實習生等合力搬動小黃的頭，一邊打開牠的嘴巴拉扯牠的舌頭之外，還很緊張地問實習生：「妳們拿給我的解藥是哪一瓶？有沒有給錯瓶？」

藥瓶是沒錯的，藥的期限也沒有過，但是，藥就是沒有效。在換一瓶重打之後，小黃立刻就站起來了。藥效可真是立竿見影呢！

寶獸醫在鬆了一口氣之餘，突然想起來：「唉呀，我剛剛替小白打的也是沒效的那一瓶！」一衝回乳牛欄舍那裡，果然就看見依然昏睡在地的小白，以及蹲在牠旁邊死命地幫小白抬頭的獸醫們。寶獸醫趕緊再替小白補了一針，針頭才拔起來，小白原本只剩「白仁」的眼睛，就已經回過神來啦！

原本想讓自己在和羊「搏鬥」、變得又髒又臭，有題材可以大吹特吹的我，對於整個早上連隻羊都沒摸到，只能冷眼旁觀一場「解藥無效」的烏龍事件，什麼事也沒得做的遭遇感到極度的怨懟。但寶獸醫則是因為他們從來都沒碰過這種在短短的時間中，就有兩隻「好端端的動物」因上麻醉而差點再也爬

不起來的病例，而把這件事全部怪罪到我的「好學不倦、發問頻頻」，以及我「很掃把」上面。最後她下令：「以後妳的問題要等到整個體檢或醫療過程結束之後才可以一起問，不然就不准來！」

天啊，我什麼都沒有做呀，怎麼可以賴我呢？不過她身為獸醫嘛，理所當然的就是以動物的健康與福祉為優先。發飆的上司、煩人的我，怎麼比得過可愛的動物們重要呢？

P.S. 可愛區現已改為「兒童動物園區」。

Frogwitch Recipe

健康為重八寶芋泥派

材料

　長方形派皮 2 張、芋頭 2 個
　糖 30 公克、奶油 60 公克
　糖蓮子、櫻花果、葡萄乾 少許
　其他自己喜歡的蜜餞 適量

作法

1. 把 2 張派皮擀平鋪放在派模上。
2. 芋頭去皮切塊之後放到蒸鍋中，蒸熟後取出，壓成泥狀。趁熱加入糖和奶油，並攪拌均勻。
3. 把 1/3 的糖蓮子、櫻花果、葡萄乾以及其他各種蜜餞鋪在鋪好派皮的模型中。
4. 把芋泥餡填入派中，再把剩下的 2/3 果乾及蜜餞放到派的表面。
5. 把派放到預熱 200 度的烤箱中，烤到派上的芋泥膨脹起來變成金黃色為止。

芋泥和動物其實沒什麼直接關聯，
只是表示動物在麻醉不起時，真的是「爛醉如泥」，
嘻！為了健康起見，芋泥就少糖少油囉。

19
高人一等的長頸鹿寶寶

由於我最感興趣的是研究動物的叫聲、叫聲所具有的意義，以及包含叫聲在內的求偶行為等，於是雖然有聲帶，卻因為個子高能夠充分做到「眼觀四面」，不太需要以叫聲傳達訊息的「沈默的長頸鹿」，就不太受到我的注意。但是這一切，卻在我第一次看到剛出生的小長頸鹿之後，有了大幅的改變。

在 2005 年的 1 月，臺北市立動物園裡有一隻小長頸鹿出生了。牠媽媽生牠的時候，是在動物園開放的時間，於是有一些幸運的遊客，就直接在現場看到了長頸鹿生產的畫面；反而是在辦公室的我們，一聽到消息趕到時，都已經錯過了精彩部分，只看見「小小的」長頸鹿寶寶依偎在媽媽身邊的樣子。

沒有一手的消息，只好請獸醫及動物管理員們跟我們分享他們的「接生報導」了。而他們一致的共通感想是──「長頸鹿一生下來就好大喔！」明明就是眼見為憑，看起來很小的長頸鹿，怎麼會被獸醫們說「很大」呢？這原來是「相對論」的問題！由於長頸鹿本身個頭很大，小長頸鹿在自己的爸爸、媽

媽旁邊時，看起來就是個小不點，但
是和一般「人」比較時，可就是「鶴
立雞群」囉！

　　那麼，長頸鹿在出生的時候有
多大呢？獸醫及動物管理員們又是怎麼
替牠們量身高呢？一堆人七嘴八舌的在討論該怎
麼慶祝小長頸鹿誕生時，就想到要問一下這幾個
問題。我打電話給老千獸醫，他只講了幾個字，我
也只說了聲：「喔！」就把電話給掛了。他跟我說的是：
「妳知道我一八三吧……。」我從大學時就認識他，
早就知道他幾公分了。當然，多少也有點像他肚子裡
的蛔蟲，猜得出他接下來要講的會是什麼。他沒說，
但事實上正是如此的，就是：「他是用自
己的身高來跟小長頸鹿比！」

　　當小長頸鹿剛出生的時候，他
還可以看到站起來的小長頸鹿的頭
頂；但是過沒幾天，他就得仰頭
看小長頸鹿了。這也是他跟我們
說：「小長頸鹿生下來的時候，

大概是一百八十公分……。」的原因。我們本來還以為有比較科學的方法呢！不信邪的我，繼續去問非洲區的區長阿財。阿財的回答也是半斤八兩。他說：「我們在展場的柱子上有畫線，當長頸鹿正好經過柱子旁邊的時候，我們就可以估計牠們的身高了呀！」體重倒是比較沒有爭議，因為通常在動物園的展場出入口都有地磅，動物只要在進出的時候走過，設在牆上的顯示器就會秀出動物的體重。

　　說到長頸鹿，我們經常會被人家問：「長頸鹿的脖子那麼長，是長頸鹿的頸椎跟一般動物比起來特別多，還是特別大？」答案是：「牠們的頸椎數目和人類相同，都一樣是七節，只不過大小比人類的要大上許多倍而已。」而類似這樣的題目，還有「長頸鹿的脖子真的是為了樹上的葉子，才會越長越長的嗎？」答案當然「不是」，不然的話，不就所有的草食獸的脖子都會變得很長了嗎？只是因為長頸鹿的脖子也是天生有長有短，在相較之下脖子長的個體存活率比較高，留下子孫的可能性也較多，所以久而久之，長頸鹿的脖子就都很長了。從前在生物學中有兩個學說，一個是達爾文的「物競天擇說」；另一個是拉馬克的「用進廢退說」。達爾文的學說，正如前述的回答；而拉馬克的學說，則是前述的問題。不過我們實在不能怪拉馬克想錯，因為在看到長頸鹿或是牠的親戚——霍加狓鹿，伸長脖子仰頭吃東西的景象時，雖然明知正確答案，也還是多少會產生一點懷疑呢！

Frogwitch Recipe

節節高升土司串

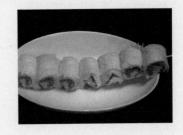

材料（5 份）

　無邊土司 7 片（也可以自己把土司邊去掉）
　花生醬 適量、竹籤 5 根

作法

　1. 把花生醬均勻塗在土司上。
　2. 將土司緊緊的捲成長條。
　3. 把花生醬土司包在保鮮膜裡，讓花生醬把土司黏緊、捲緊。
　4. 把每條捲好的花生醬土司切成 5 份，再把保鮮膜拿掉，用竹籤穿過切
　　　好的花生醬土司捲，每籤串上 7 個土司捲。

長頸鹿的脖子和我們一樣是有七節頸椎，
差別只在大小不同而已。也可以把火腿片捲起來，
一樣用竹籤串起來和土司串比一比，
就可以體會到長頸鹿和我們的脖子，
長短到底是差在哪裡了喔！

20

馬蘭的藥球

　　吃藥，是大家從小到大多多少少都會面對的一個難題，因為藥實在是很難吃。為了要騙自己或是拐別人，從古到今，就出現了許多「文攻武嚇」的方法。以文的來說，有「良藥苦口利於病」這種不知是誰想出來的、騙死人不償命的話（我承認這話大概有語病，因為不吃藥的話的確有可能會死），這多半是說給已經懂事的小孩，或是老大不小還不肯吃藥的大人聽的；而以武的來說，則多採用「霸王硬上弓」──抓起來就灌藥的方式解決，而這多半是用來對付家長還抓得動的小孩。

　　可是不管人類的小孩肯不肯吃藥，他到底還是知道要灌他藥的人是為了他好。但是動物園裡的獸醫則沒有那麼好命，一來，動物聽不懂文謅謅的「良藥苦口」這一套，遠遠地看了獸醫來就先跑再說，等看看沒事才會慢慢靠近；二來，動物們可是很脆弱的，若是不管三七二十一，抓起來就打針吃藥的話，動物還有可能因為緊迫過度，而當場就兩腿（四腿）一伸，應聲跟你說拜拜呢！於是獸醫及動物管理員們只好勤於觀察動物們的日常狀況，看看有無異常，並定期替動物們做健康檢查，

希望能夠防患未然，盡量讓動物們不要生病，才不會面臨得替動物餵藥的困境。

　　當然，世事總是常與願違的。天下沒有白吃的午餐，獸醫沒有白領的薪水。獸醫們就算只是要替動物身體檢查，也已經是費盡千辛萬苦、絞盡腦汁才能了事，更何況是餵藥。而餵藥不只是「技術」的問題而已，還有「物理層面」的問題——面對著比人要大上許多倍、光是被踢一腳就大概不用玩了的對象，餵藥對兩造雙方可真都是生死攸關的問題呢！不餵嘛，牠玩完；餵嗎，你家人可能會抗議。這時就真的是動物與獸醫（和管理員）之間的拉鋸戰，比智力及耐力囉！

　　不說別的，只以大象馬蘭為例就好。想當初牠還在的時候，有一次因為出現了一點臨床症狀，而需要採血檢驗。包括獸醫、動物管理員、老ㄙㄞ（動物園的顧問，是經驗非常老道的、大家的「師父」）在內的十幾名動物園工作人員就帶上各式傢伙，有繩索、鐵鍊、帆布條等，打算替馬蘭來個五花大綁，再好好檢查牠。為了怕馬蘭不肯就範，還準備了甘蔗、土司麵包、各式蔬果、紅糖水等要對馬蘭來個「軟硬兼施」。

　　可是呢，動物的世界是誰大誰贏，十幾個壯漢大費周章才綁在馬蘭腳上的繩索、鐵鍊，對馬蘭來說都好像是用麵線綁豆腐一樣，應聲就斷；而每次繩索鐵鍊一斷，一堆人就名副其實

　的「人仰馬翻」，在地上滾成一團，還要擔心被馬蘭的鼻子或腳給甩上一下呢！在這樣子折騰了兩個多小時以後，獸醫才終於有機會「見縫插針」，採到馬蘭的血。

　　檢驗的結果，是馬蘭可能罹患了子宮肌瘤，得做肌肉注射，還要給口服藥。打針比較好辦，可以用聲東擊西的方法，先讓一個人站在前面用馬蘭愛吃的甘蔗餵牠，另一個人再趁牠不注意時從後方打針，而且工作人員「打帶跑」的步伐絕對不比籃球國手差。因為再怎麼說，打籃球不太可能會有生命危險；

而餵馬蘭吃藥，就讓大家一個頭兩個大了。獸醫們先是把藥丸塞到熟地瓜裡，或是包到土司麵包中餵馬蘭。但是大象的體積大，藥丸的量自然非比尋常，抗生素的苦味騙得了馬蘭一次，可拐不了牠第二次。所以在第二次以後，馬蘭只要聞聞食物，就可以把摻有藥的食物找出來，不是把藥丸擠出來玩，就是拒吃有加料的食物。而且馬蘭的決心也非同小可，就連用牠平時最喜歡的蜂蜜、紅糖水也沒辦法拐到牠張嘴吃藥。

馬蘭的人緣是非常好的，在生病期間，有許多動物園的同

仁們會送牠糖果、巧克力等表示關心、替牠打氣。幾乎走投無路的張獸醫，在看到那些「打氣禮物」之後就突發奇想，開始試做一批加料的「抗生素藥丸夾心巧克力」。由於巧克力的味道濃郁，在融化、加藥丸、再凝固成型之後，就會把藥丸緊緊的包在中間，不容易被馬蘭挑出來。所以即使馬蘭在咀嚼巧克力時發現有異，也多半不敵巧克力的香甜，還是把加料的巧克力一併給吞下肚去。

就這樣，在馬蘭生病的期間，獸醫們大概買了十幾公斤的巧克力來加工；而馬蘭其實在吃掉一公斤多的巧克力時，就已經開始展開「天象交戰」，思考要不要繼續吃有加藥的巧克力了呢！

加料夾心巧克力

材料

巧克力 1 片（約100g）
軟糖 20 顆、牙籤 1 根
矽膠製的製冰器 1 個

作法

1. 把巧克力放在金屬容器之後，再連容器一起放到攝氏 40 度的熱水中，等巧克力融化。
2. 把已融化的液狀巧克力倒入矽膠製冰器中，只要倒 1/3 的高度就好。
3. 等到底部的巧克力快乾時，放入 1 顆小軟糖。
4. 把剩下的液狀巧克力倒入模型中，把軟糖整個包住。
5. 靜置到巧克力乾了為止。

馬蘭吃的加料巧克力裡面，
加的是苦苦的、但是可以治病的藥。
我們做給自己吃的加料巧克力，
就可以加上各種自己喜歡的軟糖或小糖球，
甚至加點胡椒、芥末來惡作劇喔！

21

從天而降的黃金角蛙

某個春天的下午，我在辦公室裡接到一通「來歷不明」的電話。電話那頭的聲音有點支支吾吾的，問我：「我這裡有一隻青蛙受傷了，妳可以想辦法替我醫牠嗎？」

無論如何，我不是獸醫，不能也不會醫動物。不過我還是有點好奇，想知道一個完完全全的陌生人，到底是怎麼找到我頭上來的。一問之下，原來是他在青蛙受傷以後，為了要替青蛙找醫生，就上網以「青蛙、獸醫」的關鍵字搜尋，結果出現的居然是我的名字！只不過是因為我曾經翻譯過兩本由日本獸醫寫的、很無厘頭的動物科普書，就讓我成了飼主「病急亂投醫」的對象。這答案讓我覺得好像對社會大眾有點虧欠，於是就先暫時「問診」一下，看看我有沒有辦法幫上什麼忙。

既然要問，自然也是先從青蛙的種類、症狀問起。一問之下，聽到一個很匪夷所思的內容，因為患畜是一隻黃金角蛙，「病因」是「從十一樓摔到一樓的地上」。我的直覺反應是：「你確定牠沒有死嗎？」然後才是：「牠是怎麼掉下去的？你

把青蛙養在陽臺喔！」飼主的回答是：「當我手拿朱文錦（這是一種魚）餵黃金角蛙的時候，黃金角蛙居然連我的手指頭一起咬下去，我嚇了一跳，手一甩、咬在我手指上的角蛙就這樣順手飛了出去……。」然後這個飼主覺得這隻角蛙八成已經摔了個稀巴爛，很沮喪的拿了一個塑膠袋要去裝蛙屍回來辦後事。一到了樓下，發現青蛙居然還在動，於是趕緊把牠撿上樓、放在一個裝有淺水的大杯子裡面暫時棲身，就趕快找獸醫了。

可是，不用說臺北市了，我看找遍了全臺灣，也找不到幾個能醫兩棲類的獸醫。不過這個病例實在有趣，我就請飼主先把受傷的角蛙帶過來，寄養在我這裡，再看青蛙巫婆我能夠變些什麼法術把青蛙給醫好。在等待飼主送蛙來的空檔中，我先打電話給我認識的安安獸醫，問他能不能收一下這隻「從天而降」、「大難不死」的黃金角蛙。

黃金角蛙被送到我這裡時，是很無助的漂在水杯裡，「手腳」的角度頗為奇怪，也幾乎都不能動，看起來簡直就像是一個大大的橘色蕃茄，泡在透明的水盆裡一樣。而牠進急診室後拍 X 光的檢查結果，是「四隻腳斷了三隻」！我問安安獸醫：「不能替牠把骨頭拼回去嗎？」他說：「青蛙的骨頭太細了，而且這樣做的話，手術費會很貴，買隻新的角蛙當寵物還比較便宜。」我雖然點頭稱是，但還是接著問了另一個傻問題：「青蛙不能上夾板還是打石膏喔？」多虧他沒有嫌棄我白念了那麼

多年的青蛙書，還是和藹可親的跟我說：
「欸，青蛙是用皮膚呼吸，不能用那些
東西。」

安安獸醫在拍完 X 光照片，確定青
蛙除了手腳骨折之外沒有大礙，認為只
要牠肯吃東西，應該就沒有太大的問題。
於是就通知飼主來把角蛙帶回家安養，
而且他還聽我們的話，在路上買了許多
補充營養用的蟲蟲，準備要好好的替角
蛙進補。

雖然我和安安醫生都很掛念那隻黃
金角蛙的下場，但是我卻一直沒有勇氣
打電話給那位飼主，詢問角蛙的現況。就這樣撐了兩個多月以
後，我終於忍不住了。這次是換我支支吾吾、吞吞吐吐的說：
「欸，請問上次的那隻角蛙，牠，還活著嗎？」飼主很快樂的
說：「牠活得很好呢，妳知道嗎？牠一點也不喜歡吃你們說的
那種蟲，還是喜歡吃小魚，所以我每次要餵牠的時候，就把養
牠的水杯裡的水倒到變得很少、再放很多條魚進去，這樣一
來，牠不用花什麼力氣就可以吃到小魚了呢，妳有空的時候，
可以到我們家來看牠喔！」安安獸醫的結論是：「嗯，還好角
蛙的體重輕。再重一點，可就慘啦！」

美得冒泡角蛙果凍

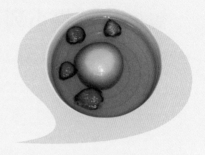

材料（4 份）

水蜜桃罐頭 1 罐
果凍粉 1 包（可以選藍色比較有水感，也可以
隨喜好換成別種顏色與口味）
草莓或櫻桃 2 ～ 3 顆
汽水 2 杯、熱水 2 杯

作法

1. 照果凍粉外包裝上的說明，把 2 杯熱水倒入果凍粉攪拌均勻。
2. 再倒 2 杯汽水至上述果凍液中。
3. 把攪拌好的果凍液平均倒入 4 個大型碗中。
4. 拿出水蜜桃罐頭中切成半的水蜜桃，圓鼓鼓的那面朝上、切半的那面
   朝下放入果凍液中。
5. 把每顆草莓都切成兩半、切面朝下，平均放入碗中。
6. 等到放涼了以後再把裝有果凍的碗放到冰箱裡，冷藏 1 ～ 2 小時後就
   可以吃了。

在ㄅㄨㄞ、ㄅㄨㄞ的果凍裡鑲上半個金黃色的
水蜜桃，看起來是不是很像這隻漂在水裡的角蛙呢？
還可以在水蜜桃旁邊放上幾個切半的
草莓或櫻桃，當成餵角蛙用的小魚呢！

22

短命的蝙蝠小列

　　每年的六月一到，就進入東亞家蝠的繁殖季，這也就表示會有人撿到掉在地上的蝙蝠。自從巫婆我和學妹女蝠俠在2002年的夏天當了兩個月的蝙蝠奶媽以來，每當有人撿到蝙蝠，就會有電話打到女蝠俠那裡。可惜的是，除了之前的小東、小亞、小家、小福那四隻東亞家蝠有被養到健健康康的野放以外，這幾年陸續被送過來的將近十隻蝙蝠，幾乎可說是全軍覆沒。

　　在2005年的3月8日，也有同事撿到一隻蝙蝠送到我這裡。我覺得比較驚訝的是牠不像其他蝙蝠一樣，是在六到八月的生殖季時從窩裡或媽媽身上掉下的小蝠，而已經是一隻成蝠。不過這也難怪，因為牠的右翅上有一條很長的裂傷，翅膀只有最上方的幾公釐是合著的，其他部分不但裂開，而且已經都往兩旁萎縮了。

　　巫婆只當得起蝙蝠的奶媽，有傷可是救不了的，這隻蝙蝠當然只能商請寶獸醫幫忙醫治。在電話中寶獸醫聽到我的請

求，她先是嫌兩聲說：「為何老是在很忙的時候找碴。」但是念歸念，醫還是照醫的。在餵完這隻受傷的蝙蝠喝水以防脫水之後，這隻小列（我幫牠取的名字）就被我「快遞」到獸醫那裡去了。

他們先替蝙蝠驅了蟲（我又被嫌說：「怎麼送了個身上都是寄生蟲的東西來。」），然後就用膠水把翅膀給貼合在一起，再多貼了一長條的膠帶加強。之後，就又把小列給「宅急便」回來。

巫婆每天拎著布袋，三、四個小時就從冰箱裡偷點牛奶，或是偷渡熱開水泡狗奶粉來餵蝙蝠，日子過了十天以後，小列的食慾每況愈下，從起初的每餐吃兩條麵包蟲，降到了只喝2cc 不到的牛奶。眼看著小列越來越衰弱，只好又把牠送往獸醫那裡去回診。等到牠被送回來的時候，我很驚訝的發現牠翅膀上的膠帶不見了！在仔細聽完寶獸醫的咕嚕之後，才知道是因為這次老千獸醫看小列的翅膀完全沒有癒合的跡象，而且膠帶的重量又讓小列的翅膀拖在地上，讓牠的身體總是歪一邊，於是就用了「掉到地上都會找不到的細線」，很辛苦的把薄如蟬翼般的蝙蝠翅膀給縫在一起。

在固定小列的時候，獸醫們就像是在固定蝴蝶標本一樣。是把小列的翅膀展開，用紗布蓋住之後，再用大頭釘把多出來

的紗布給釘到軟木板上的；再加上小列實在太小，體重只有四
公克左右，麻醉藥的份量很難抓，只能用棉花棒沾點麻醉藥，
一點一點的給小列聞，所以翅膀才縫到一半，小列就已經開始
掙扎，讓老千急得不得了，只好又再加點麻醉藥……。

　　聽到這裡，我簡直就是要笑翻了，不過既然縫了翅膀，多
少也算是動了手術，應該要讓小列靜養才對。但是在把小列
給接回家的那天晚上，巫婆卻在凌晨三點從惡夢中驚醒。我做
的夢是有許多隻小老鼠在床腳邊爬來爬去，發出唏唏唆唆的聲
音！當巫婆張開迷濛的雙眼躺在床上，正想翻個身繼續睡覺，

突然想起這可能是蝙蝠跑了！這時我立刻跳下床去翻布袋，果然發現小列不見了！但即使抱著隔天請假的決心，三更半夜全家找透透，也還是找不到小列的身影，最後只好爬回床上睡回籠覺。

到了早上，巫婆又開始找蝙蝠，而且只好向爸媽自首，說明小列失蹤可能會躲在暗處，請父母在走路或坐下的時候要小心，千萬不要把我的小列給壓成「阿扁」。

我才刷牙刷到一半，就聽到媽媽的緊急召喚。原來小列居然乖乖的用腳鉤住她房間的壁紙，倒吊在牆上離地三十公分的地方睡覺呢！巫婆真是感激涕零，多謝蝙蝠大人賞光出現，不需要巫婆請假在家找蝠了。

可惜呀！雖然巫婆這樣每天努力的照養小列，在三周之後，牠還是成為一個冷冰冰、動也不動的小肉塊。小列的軀殼，又再度被我送回獸醫那裡去檢驗了，唉⋯⋯。

就連像我這樣飼養救傷蝙蝠的經驗已經堂堂進入第三年的人，還是沒辦法讓蝙蝠的存活率超過三分之一，大家就可以知道蝙蝠真的是很不好養了。一到六月，換句話說，也就是可能在地上會看到掉下窩的小蝙蝠的時期。請大家切記，當在地上看見蝙蝠時，請先在附近找找看有沒有牠的窩；能夠的話，就

把牠塞回原來的窩裡去。再不然，也可以用吸管或滴管、棉棒或針筒餵牠喝一點水，避免牠脫水以後把牠留在原地，讓牠媽媽來接牠回去。萬一找不到窩，附近又有野貓、野狗等可能會對小蝙蝠造成危害，人工照養成為牠最後的機會時，才可以帶牠回家照顧喔！而且，等牠體力恢復，能夠飛行以後，請一定要把牠放回野外，野生動物的家是在野外，請不要太自私喔！

超短蟲蟲義大利麵

材料

義大利麵條 500g（捲麵）
奶油蛤蜊義大利麵醬 1 罐

作法

1. 燒一鍋水，把麵丟下去煮，依照包裝上標明的時間煮熟。
3. 打開奶油蛤蜊義大利麵醬的罐頭，把醬放到磁碗裡，包上保鮮膜後拿去微波 2 分鐘。
4. 等麵煮好，裝在喜歡的餐具裡面以後，倒上適量的義大利麵醬，就大功告成了！

2 到 3 公分長的義大利麵，是麵包蟲的長度；
百百糊糊的奶油醬像是蟲蟲內臟。
這道食譜是用來強調蝙蝠是「吃葷」的。
在臺灣的蝙蝠之中，除了臺灣狐蝠是吃水果的以外，
其他的蝙蝠都是吃蟲的。當你真的要餵牠們的時候，
請餵牠們水或溫牛奶，或是吃麵包蟲的內臟，
千萬不要塞水果到牠們的嘴巴裡喔！

23

吃飽飽的領角鴞

在某個夏天的中午，我看見一對夫婦和他們大約九歲的女兒，邊跟寶獸醫打招呼，邊遞一個紙箱給她。我還以為是寶獸醫的親戚到動物園來玩，順便帶「伴手」來送她呢！就很不識趣地湊了過去。那時寶獸醫已經拆開了綁在紙箱上的細繩、探頭往裡面看，並且轉頭對那對夫婦說：「我們會盡快處理。」那位爸爸說：「我們從今天早上三點多發現牠開始，就一直很努力地想把牠身上的膠給去掉，可是那真的很黏、很黏⋯⋯。」在這個時候，我已經發現這應該是好心的民眾撿到受傷的動物，把牠送到動物園來救傷。那位媽媽接著問：「妳看得出是什麼種類嗎？」寶獸醫回答：「紙箱裡面很暗，看不太清楚。不過大概是領角鴞吧！」

由於我總是有備無患的隨身攜帶手電筒，就很得意的立刻掏出我的超迷你手電筒往紙箱裡照。果然沒錯，領角鴞一隻。牠正睜著骨溜溜的大眼睛，半躺在盒子裡和我對看呢！

我問寶獸醫：「牠怎麼了？」寶獸醫說：「這對夫婦發現

牠被黏在黏鼠板上，所以就把牠給救了下來，打電話給我們、還專程送到這裡來。」那位媽媽問寶獸醫：「牠會好嗎？醫好了以後呢？」寶獸醫回答：「這要看情形。通常若是狀況沒有很嚴重的話，就會交給鳥會野放。但要是牠傷勢嚴重的話，就要養到牠好了、能飛了以後再野放。」然後，寶獸醫拿起繩子，邊說邊嘗試著該如何才能不驚動那隻領角鴞，就能把箱子給綁起來。

　　眼看著寶獸醫就要把紙箱帶走，在旁一直都很沉默的小妹妹終於開了金口：「我也要去！」一副不想和牠分開的樣子。

寶獸醫安慰她說：「我們會好好醫治這隻領角鴞，等牠一好，就會把牠放回野外，妳放心好了。」這時媽媽說了：「因為她的楓葉鼠被這隻貓頭鷹給吃了，所以她不想再失去一隻動物。」我和寶獸醫聽得滿頭霧水：「什麼？她這麼大方，拿自己的楓葉鼠來餵這隻領角鴞吃？」爸爸在旁邊連連搖頭說：「不是啦！是昨天她的楓葉鼠被吃掉了，我們以為是家裡跑進一隻大老鼠，所以放了黏鼠板想要抓老鼠。沒想到一早起來，卻發現了這隻貓頭鷹……。」

　　寶獸醫說：「哇！很少人有這種運氣，家裡有領角鴞出沒呢！」爸爸說：「我也不知道呀，可是就是黏到牠了。也不知道牠到底是怎麼進到家裡來的」。這時稍微被忽視了的妹妹又開始念：「我要和貓頭鷹一起去……。」寶獸醫趕緊用非常和藹的語氣、很有耐心地對妹妹說：「我一定會好好照顧牠的，妳不要擔心喔！」她的媽媽也在一旁說：「等回家以後，再叫爸爸買一隻楓葉鼠給妳。」她爸爸則是一邊點頭答應會立刻就去買一隻新寵物、一邊問寶獸醫說：「那在妳們醫好這隻貓頭鷹、把牠放走以後，可以通知我們一聲嗎？這樣我們也才比較放心。」好說歹說，那位妹妹才終於同意讓寶獸醫帶走領角鴞。

　　至於那隻吃掉人家寵物的領角鴞呢，在當天下午就已經被放回野外去了。真是福大命大呀！

Frogwitch Recipe

圓滾滾貓頭鷹刈包

材料（4 份）

　刈包 4 個（從市場買現成的）
　火腿或香腸 4 片／4 條

作法

1. 在直放的刈包（一邊直線，一邊弧線）上方，用乾淨的剪刀在左右兩邊 1/3 處各剪 1 公分長的缺口，這樣蒸好以後，刈包的缺口就會膨脹成翅膀的樣子了。
2. 用筷子沾少許醬油在上方臉部點出眼睛和嘴，並在缺口下方的腹部位置畫出四條線當作羽毛。
3. 把刈包蒸熟後，夾上火腿、香腸，或是其他家裡找得到的肉類熟食即可。

領角鴞是夜行性動物，
會在夜間出外捕食小動物。用貓頭鷹形狀的刈包，
包住找得到的各種煮熟的肉類，就可以
做出一隻「吃飽飽、肚子圓滾滾」的領角鴞囉。

PART 3
動物五花八門

動物的身體結構、斑紋顏色、
高矮大小還真的是五花八門，
雖然乍看起來毫無章法，但在大自然中卻各有各的意義。
從牠們的叫聲、氣味、排遺等，
解讀動物的身體密碼、行為暗號，
可以加深人與動物之間的了解與互信。
當然，偶爾也會有誤解或意外……

24

臺北樹蛙愛「愛愛」

臺灣有三十多種兩棲類，除了少數幾種以外，大多是在春天到秋天之間繁殖。而全身綠色、腹部是淡黃色的臺北樹蛙卻是屬於「少數民族」，繁殖季為每年的十月到隔年三月底左右。

一般來說，研究青蛙生態及行為的研究者，都是在繁殖季時才會到野外去找牠們、觀察牠們的行為。因為大部分種類的青蛙是屬於夜行性動物，而且身體的顏色又經常與環境融為一體，除非眼睛很尖、對青蛙很熟悉的人，否則一般人是很難只憑肉眼來找到牠們。所以，大家才要趁著青蛙的繁殖季，靠牠們發出的求偶叫聲來「聽音辨位」，尋找青蛙。

青蛙巫婆我第一次到野外看蛙、抓蛙，就是和外號「青蛙公主」的學姐一起到陽明山國家公園內的實驗池看臺北樹蛙。實驗池位於面天山的半山上，隱藏在登山小徑旁的樹林中。由於那條登山路線還滿熱門的，徹夜孤零零的待在荒郊野外，不論研究者是男是女，都讓師長擔心會有危險，所以大家就要輪流排班，和學姐一起去做實驗。

　　研究室裡沒去過面天山的人，起先大家都會興沖沖的輪班陪著公主上山，但是一旦去過一次以後，不管男男女女，都會想盡辦法和青蛙撇清關係、能閃就閃，或是盡量拉長排班表上輪到自己的「陪班」間隔。

　　因為青蛙公主的實驗地正好位在陽明山的風口，在臺北樹蛙的生殖季期間，會有很強又冰冷的風不停的吹；即使野外的氣溫低到攝氏兩度、不論天氣是下雨或是下冰雹，臺北樹蛙都

一樣會叫，讓青蛙公主和陪公主看蛙的「保鑣」們非得下水繞池看蛙不可，於是做實驗的人就會名副其實的體驗到「寒風刺骨」的滋味，而且池塘裡的寒氣也會透過層層的外衣、長褲透入骨中，讓所有的人都受不了。所以只要是去過這個實驗池的人，都會對學姐甘拜下風，佩服她能夠在冬天時待在「千年寒潭」裡面，還替她起了個聽起來不甚好聽的封號——「寒潭怪婆」。

事實上，當我和學姐一起在實驗池研究臺北樹蛙的期間，只要寒流一來，我的心情總是會有一番大掙扎。因為我和學姐為了研究牠們的叫聲，必須走下池子去找牠們，當碰到池水的那一瞬間，即使胸前掛個懷爐、口袋裡再揣著另一個懷爐，冰冷的池水也還是會讓人覺得心臟快要麻痺了，而我總是忍不住的在心裡偷偷嘀咕：「你們怎麼還不閉嘴呢！」

大家可能會覺得青蛙是變溫動物，在天氣冷、體溫變低的時候應該行動力會變低，怎麼還會叫、繼續求偶呢？這是因為臺北樹蛙的雄蛙在求偶前，會先在池邊落葉下的土裡找好一塊地方、挖一個小洞，土洞裡是冬暖夏涼，上面覆蓋的落葉、乾草等也可以隔絕外面的冷空氣，所以洞裡面的溫度會比洞外高出許多，讓雄蛙可以繼續鳴叫「守洞待雌蛙」。

雄蛙躲得很好，從外面看不見。所以想要知道記錄的是哪

一隻雄蛙的叫聲，就得伸手在草堆下「攪和」一番，把那隻雄蛙找出來看一看。要是叫的是以前被我們抓過、在身上還留有標上的記號時，就只要替牠們測量一下即可；假如是新的青蛙，我們就會替牠量體長、體重、給牠一個號碼、標上標記、再放回原處。這樣一來，下次當我們再看到牠時，就可以知道在這一段期間中，牠一共長大了多少。幾年下來，也可以知道牠們的壽命有多長了！

雌蛙才不管雄蛙的號碼多少呢！牠們在遠處傾聽雄蛙的叫聲，「聽」到中意的對象之後，就會一直線的往牠的意中「人」那裡跳，再鑽進雄蛙挖的洞裡，然後，雄蛙就會跳到雌蛙的背上，開始假交配。因為青蛙是體外受精的，在雄蛙抱緊雌蛙以後，牠們就會同時射精產卵。然後雌雄兩蛙會一起用後腳一邊把從雌蛙體內流出來的液體踢打成泡狀，一邊讓蛙卵均勻的分布在泡泡裡。到整個卵泡形成為止，大約需要花上幾個鐘頭，所以在產完卵以後，雌蛙都會因為力氣耗盡沒辦法逃，而經常成為捕食者的口下亡魂呢！

剛形成的卵泡是白色、濕濕軟軟的；但是在接觸空氣以後，外層就會變乾變脆，像是放在外面的稀飯表面會結一層脆皮一樣。不過這樣一來，就可以阻隔外面的空氣與卵泡裡面的蛙卵接觸，保持卵泡內的濕潤。等到蛙卵變成小蝌蚪時，卵泡也差不多都化成小水滴了，在雄蛙所挖的洞底部，就會有一個很小

的迷你小水塘，擠滿了小蝌蚪在等老天爺下雨，好把自己沖到池水裡去。但要是一直都不下雨的話，牠們就會乾死在洞裡，或是成為螞蟻的美食。所以臺北樹蛙的雄蛙為了要順利留下自己的後代，除了慎選挖洞地點以外，碰運氣看老天爺肯不肯幫忙也是很重要的呢！

珍珠卵泡舒芙蕾

材料（6 份）

　蛋黃 2 個
　牛奶 100 cc、珍珠奶茶 100 cc
　砂糖 50g、低筋麵粉 35g
　蛋白 2 個、砂糖 25g

作法

1. 把蛋黃放到鍋子裡，加入少量的牛奶攪拌後，加入砂糖、麵粉。
2. 加入剩下的牛奶及珍珠奶茶。
3. 把（2）放到爐子上，用小火煮到鍋裡的液體變得濃稠，把火關掉，讓它稍微冷卻。
4. 用打蛋器（手動或電動都可以）或叉子，把蛋白打到發（要打到透明的蛋白變成很密的白色小泡泡、在容器裡站得住才行）。
5. 將打發成泡狀的蛋白加入糖，攪拌過後和（3）加在一起，拌勻以後分裝在 6 個杯子蛋糕用的模型中，放到烤箱裡用 200 度烤 3 分鐘（或是用 180 度烤 7 分鐘）即可。

用手打蛋白會很累，但是
卻可讓我們體會到臺北樹蛙的辛苦。
在野外看見一個個的白色卵泡被藏在落葉、
枯草下面的土洞中，看起來真的很像珍珠舒芙蕾喔！

25

千年寒潭的蛙與蛇洞

巫婆我和青蛙公主為了做研究，曾在陽明山國家公園的面天山上待了很長的一段時間，當然也發生了許多怪事。話說面天山上的寒潭（實驗池），是位在從登山小道上無法看見的林子裡面。不過由於池子和登山小道只隔了一層樹林，所以我們的講話聲、手電筒的光都會從林子裡面透出來。

有一天，當我們倆結束一個晚上的實驗，又冷又累地走出池子、穿過林子時，瞥見林子的入口附近地上堆了一小堆紙錢。我們當時還不以為意（因為實在是累死了），但是在隔天下午第一趟上山例行巡池時，卻赫然發現原先的「一小堆」紙錢，已經變成「一大堆」紙錢了。

我和公主這時才恍然大悟，猜想大概是有登山客在天黑以後經過我們的寒潭，聽到除了風聲、雨聲、蟲鳴鳥叫等大自然背景聲之外，還莫名其妙的聽見女聲嘻嘻哈哈；而且明明看不見人影，卻有閃爍的黃光、紅光（剛開始看蛙時為了怕打擾青蛙，還特地用紅色玻璃紙包住手電筒）從林間透出，於是就以

為林內有鬼，趕緊特地去買了紙錢來「收買」我們呢！

除了這個符合臺灣風土民情的插曲之外，另一件烏龍事件則和研究青蛙有關。大家說到食物鏈，最容易舉出「大魚吃小魚、小魚吃蝦子」的例子，這是水中的食物鏈。而在以觀察臺北樹蛙為主的研究中，食物鏈的成員當然是以蛙類的「食與被食」為主，所以就免不了有蛇出場囉！

由於「千年寒潭」旁的環境還頗為自然，大大小小的蛇很多。但因為臺北樹蛙的雄蛙會在池旁落葉下面的泥土地上挖洞，所以每次我們要伸手下去摸蛙時，總是會有點戰戰兢兢，生怕不小心會摸到長長軟軟的東西。而且不光只是在水邊的地上而已，池子邊、竹林裡還有許多顏色和竹子相同的赤尾青竹絲，更是沒事就會從天而降！在我們上山的必備物品中，除了必戴的帽子之外，還多了一樣「毒蛇急救器」，這再次證明了「天上掉下來的禮物」，多半沒什麼好東西。

起初上山看蛙的大夥，為了「以防萬一」，都很奮勇的除蛇。除蛇並不是說逢蛇必殺，而是遇到無毒蛇就隨牠去，或是把牠抓起來放到池子外、登山小徑的那一邊；要是蛇有毒再看情形處理。但是自從青蛙公主赫然發現臺北樹蛙的數據怪怪的，數量有突增的傾向，可能是因為我們人為替牠們驅除天敵所造成的影響。從此以後，我們就改變策略，從原本的除蛇作

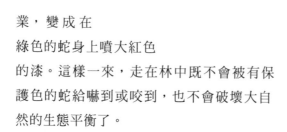

業，變成在
綠色的蛇身上噴大紅色
的漆。這樣一來，走在林中既不會被有保
護色的蛇給嚇到或咬到，也不會破壞大自
然的生態平衡了。

說歸說，由於對我們最後一次處理蛇屍的經驗記憶猶新，所以在此和大家分享一下天蠍座巫婆的「小小報復」經驗。

話說青蛙公主為了要記錄臺北樹蛙棲息環境的各項資料，就決定要在千年寒潭的池邊放一個自動溫濕度記錄器，讓我們就算人不在，也可以自動取得池邊的溫濕度變化。那臺記錄器在當時不但價錢昂貴，而且體積不小、重量更重。為了要把那臺記錄器給搬到位於面天山半山腰的三聖宮（我們住宿的地方），公主和我可是苦苦哀求學長，或是出言恐嚇學弟，才終於把那臺溫濕度計給扛上山的。

自動溫濕度記錄器是得放在洞中的。為了要容納那臺巨大的溫濕度記錄器，我們就得在池邊挖一個大大的洞來把它放下去。巫婆之所以記恨至今仍念念不忘，就是因為那個洞是青蛙公主和我青蛙巫婆兩個人花了許多時間、賠上自己「細嫩」的雙手才挖出來的。

可是，當我們辛辛苦苦的挖完洞、做完一晚的實驗、睡完「早覺」、兩個人費盡了吃奶之力把溫濕度記錄器搬上山，準備要趁天黑前放入洞裡時，卻赫然發現洞裡面居然有了「黃金」！顯然是有登山客在找隱蔽處方便時發現了我們挖好的洞，就把它當成野戰廁所了。

巫婆和公主平時修養都是極佳的，但在看到這樁「大大

事」時可真是差點破戒罵粗話。一想到不但得重新挖洞，還得在臭氣薰天的池邊待一個晚上看蛙，就鬱卒到不行。結果那天晚上在巡池子的時候正好碰上一條不長眼的毒蛇（蛇種不記得了），有氣沒處發的公主和巫婆就把蛇給「做」了，一邊極度忿忿不平的丟進被人家「便便」的洞中，一邊碎碎念著：「看誰在看見蛇以後還敢再把這裡當廁所！」

Frogwitch Recipe

黑洞派皮湯

材料（4 份）

正方形派皮 4 片、火腿 100g
玉米罐頭 1 罐、雞蛋 1 個
牛奶 200cc、水 600cc

作法

1. 把玉米罐頭倒入鍋中、加水煮滾。
2. 把火腿切成丁，和牛奶一起加入玉米湯中，煮到沸騰後打入已經打成
   蛋花的蛋。
3. 把湯分裝到可耐烤箱燒烤的湯碗中，把派皮黏在湯碗的開口邊緣。
4. 放入預熱到 180 度的烤箱中烤到派皮鼓起來，表面呈金黃色為止。

吃派皮湯的樂趣，在於還沒有把派皮戳破前，
你不知道裡面裝了哪些好料。
不論是什麼湯，只要加上一片派皮，
都可以一下子就變身成為「視覺豪華」
兼「氣氛懸疑」的好湯喔！

26
奢侈到嫌吵的諸羅樹蛙

在 2006 年的農曆年前，我突然收到從我去日本京都念書以後，就再也沒有見過的朋友——阿錫的伊媚兒。他說因為他的老家嘉義縣大林鄉有諸羅樹蛙，想要以這種青蛙當主題辦個研討會，在上網查資料時，碰巧查到我在基金會曾辦過營隊給小朋友參加，所以希望可以和我這個老朋友見個面、交換心得與經驗。而且重點是：他們在雜木林裡挖出了冬眠的諸羅樹蛙！

除了像臺北樹蛙那樣在冬天繁殖的蛙類以外，我沒有在冬天找過青蛙。因為一般來說，青蛙在沒有叫的時候是很難找的，也很少有人知道牠們是在哪裡冬眠，所以對於阿錫他們漫無頭緒的在雜木林裡到處亂挖，居然找得著冬眠中的蛙，而且還找到九隻，真是讓我覺得有點匪夷所思。

不過因為冬眠對動物有一定的作用，一旦受到干擾，就有可能會減短動物的壽命，所以把冬眠中的動物吵醒是不好的。就算找到、確認到牠們冬眠的場所，還是要靜靜的把挖開的地方蓋回去，讓動物繼續冬眠才對。這也是我後來再三跟當地的小朋友們說的話。

阿錫平時在臺東大學教書，還指導原住民做社區總體營造，所以對於用諸羅樹蛙來當振興他老家社區的標的物種這件事就十分投入。而我任職的基金會及臺北市立動物園也已經做

了十多年的諸羅樹蛙棲地保育，對於能夠在雲林古坑之外，又多找到主動關心諸羅樹蛙的社區，當然是感到非常高興。這下子，嘉義大林就成了我工作上必去之處。

到了六月，阿錫又開始在大林的北勢社區辦了一系列的諸羅樹蛙研習營，這次還分初級班、中級班、觀摩、設計等四個階段進行。我和動物園的兩爬專家──「神經蜥蜥」受邀為初級班的講師；青蛙公主則是中級班的講師。

在初級班開課的時候，正好是雲嘉南地方下大雨的那一陣子。此時諸羅樹蛙棲息的雜木林裡已經是水淹及膝，除非有穿沼澤衣，否則根本進不去。一樣是被請到大林來講課的師大呂光洋老師，由於研究生在開車門拿雨鞋時不幸的讓車鑰匙掉在那一大片水裡，在「好酒沉甕底」的狀態下，只好把車留在大林，帶著研究生改搭客運回臺北，再讓學生拿備用鑰匙來把車開回去！雖然淹水很不方便，但是青蛙是喜歡潮濕的，所以當我們晚上趁雨停出去找青蛙時，就找到了很多的諸羅樹蛙。

神經蜥蜥說他站在雜木林間，只要仔細的聽上幾分鐘，就可以找到好多隻；不像我們過去在古坑的竹林裡，一樣是聽個五分鐘，也許才會找到一隻。所以大林的諸羅樹蛙密度，是他看過最高的。他在那天晚上，除了一堆公的諸羅樹蛙以外，還發現兩隻母的諸羅樹蛙，不過由於當天時間還早，並沒有看見

牠們在假交配的樣子。

　　過了兩週後的中級班，天氣是很晴朗的，但是雜木林裡面還是有一些爛泥巴，讓人踩下去時會陷在裡面。雖說我應該要和青蛙公主、新認識的朋友錦鴻，以及當地的賴老師分頭帶著學員在雜木林及竹林裡找青蛙，但是因為諸羅樹蛙實在太多了，所以我幾乎是很賴皮的把解說的工作丟給和我同組的錦鴻，一個人很快樂的拍樹蛙照片，偶爾才想起自己的責任，指出幾隻樹蛙給大家看。（錦鴻在帶解說及找青蛙之餘，居然還很神奇的找到呂老師的研究生掉在爛泥裡的鑰匙呢！）

　　在雜木林中，我可以站在二棵樹前面不動，然後在左右的樹上各看到三隻諸羅樹蛙、再聽見背後傳來至少三隻蛙的叫聲！

　　那天晚上，大家一共找到了兩個諸羅樹蛙的卵泡，其中一個還已經孵化了，有許多帶著卵黃囊的蝌蚪在卵泡化開的水中游動扭動。由於一旁已經有螞蟻及蜘蛛虎視眈眈，氣象報告又說接下來都會是好天氣，所以青蛙公主就先把卵泡及蝌蚪救起來、教導大林鄉的社團國小校長養蝌蚪的方法，請他在讓小朋友養蝌蚪養到變小蛙之後，再把小蛙放回原來的雜木林中。

　　在隔天的心得發表時間中，包括講師在內的所有成員都掩

不住滿面的笑意。錦鴻大嘆：「我把過去兩年的諸羅樹蛙一次看完了！」青蛙公主說：「在諸羅樹蛙被發現的過去十一年間，我看見的都沒有這次多！該補的照片也都補齊了。」有位學員甚至大嘆：「好奢侈喔！諸羅樹蛙多到我覺得牠們好吵喔！」

蚯蚓泥巴派

材料

　巧克力口味的慕斯粉 1 盒
　蚯蚓形狀的 QQ 軟糖 10 條
　咖啡或巧克力口味的餅乾 5 片
　石頭造型巧克力 50g

作法

1. 照著各速成慕斯粉包裝上的指示製作慕斯。
2. 將 1/3 的巧克力慕斯倒入玻璃杯中。
3. 把 8 條 QQ 糖藏入慕斯中，剩下的 2 條先用手拎著。
4. 把剩下的 2/3 慕斯倒到玻璃杯中，再讓手上拎著的那 2 條 QQ 糖有一半露出在慕斯上面。
5. 把咖啡或巧克力餅乾敲碎灑在慕斯上當泥土。
6. 再放一點小石頭巧克力裝飾即可。

在雜木林中有許多的腐植質，也有許多蚯蚓
在幫忙鬆土。一塊好的棲息地，是充滿多樣性的
生物，也才能夠維持各種生物的「溫飽」。
巧克力慕斯看起來很像肥沃的泥巴，
裡面加的各種動物造型軟糖，只要吃的時候
不要想太多，就可以隨自己高興的加囉！

27
福井之蛙

我們經常用「井底之蛙」來比喻見識淺薄的人，不過差一個字就差不少。我要講的「福井之蛙」不是住在井底；福井也不是一口井，而是一位研究青蛙的朋友。

我會認識福井，是託了學姐青蛙公主之福。因為學姐研究的臺北樹蛙，和福井研究的薛氏樹蛙有異曲同工之妙，所以在沒見面之前，他們就經常通信，交換研究的心得。等到在日本橫濱開國際生態學會（INTECOL），才第一次見到面。當時的日本還在泡沫經濟之中，所以橫濱市非常慷慨，發了上千張類似悠遊卡的儲值卡給與會的外國人，每個人都可以靠那張卡，在會期的那一星期之中無限制次數的搭乘橫濱室內大眾運輸，免費進入橫濱市立的動物園、美術館、博物館。

除了福井，還有個同樣是研究青蛙的土田（他弟弟外號土豆，也是個兩棲爬蟲學家，不過那時還只是高中生），同樣都是研究青蛙，大家初識就有如多年的好友。而事實上，從學生時代到現在，我們雖然不常見面，卻也還一直都是好朋友。

在開會的幾天當中，只要有空，大家就會不停地聊自己的青蛙、臺灣的青蛙、日本的青蛙、其他人的研究等。薛氏樹蛙（*Rhacophorus schlegelii*）是一種在長相上和臺北樹蛙很相似的日本特有種樹蛙，分布於本州、四國、九州及周圍的島。

牠們和臺北樹蛙一樣的綠，不過臺北樹蛙的腹部是淡黃色，薛氏樹蛙的腹部是白色；牠們連某些叫聲也滿相像的，而且薛氏樹蛙在繁殖季時也會挖洞。但是最大的不同，在於臺北樹蛙是由雄蛙挖洞，等雌蛙來拜訪之後再一起產卵；薛氏樹蛙則是由雌蛙挖洞，雄蛙來挑妻。所以大家在分享觀察經驗之餘也開玩笑，想把臺北樹蛙的雌蛙和薛氏樹蛙的雄蛙配成對，看到底會是由誰來挖洞？不過這當然只是說說而已。

在日本做實驗之後，就會深深感受到在臺灣時的好處。因為臺灣的研究經費多，想要什麼只要開口，教授通常都會替你買（至少在我念書的時候是如此。我念碩士時做的是白頭翁跟烏頭翁兩種鳥的叫聲比較，為了分析聲紋，我的指導教授在美金兌臺幣幾近三位數的時候，還幫我買了一臺非常昂貴、全臺第三臺的聲音分析儀）。但是在日本，由於個人的研究經費少，大家就得想辦法動腦筋，用最少的花費，做出最好的克難器材，所以反而會有神來之筆。

於是對大家來說，東急手創館（Tokyu Hands），就是個

刺激腦力的天堂。想要看水中的青蛙？去東急手創館買材料做潛望鏡。想要把實驗地劃分區位？上東急手創館買螢光筆標示。想要告訴在海上騎水上摩托車的人「此處有人潛水」？到東急手創館買塑膠板裁切成自己想要的尺寸寫字做成警示牌。不論是想得到的或想不到的，真的是什麼都有、什麼都不奇怪。在寫論文卡住的時候去逛逛手創館，除了轉換心情，也是個激發靈感的方式。

不過逛手創館時胡思亂想到的點子，若是自己做不出來，就得拜託有才、有辦法的人替你想、幫你做。當我和青蛙公主談到自己去店裡剪角鋼，拜託研究室眾男丁幫我們扛到面天山上，再自己組成小棚子搭上帆布當成遮風避雨的暫時棲身處時，福井也跟我們分享了一些他的手作經驗。

青蛙這種動物，基本上母的不叫，只有公的會叫，而且只有在繁殖季時叫，好宣示領域、吸引母蛙。其他時候不論是冬眠或是夏眠，很難找到青蛙在哪裡，基本上就是個大海撈針。不過大家其實都很想知道自己的青蛙在繁殖季以外的時間，都待在哪裡？福井也不例外。

福井因買不起太多的無線電追蹤器，於是，就在青蛙身上裝金屬片。他認為若是能夠靠著金屬探測器去找青蛙在何處，就可以不必挖土找，在不干擾到蛙的狀態下知道青蛙的生態。

而使用不同種類的金屬片當標識，就能夠分辨不同隻的青蛙。這其實是一個很讚的想法，可惜……

　　有一次我去福井的學校找他時，他正愁金屬片太小，探測器不好找，但若是探測器太敏銳的話也是白搭，因為探測器會對很多種的垃圾都產生反應，結果還是白忙一場。在一旁正好聽到我們談話的一個物理研究生就參與討論，給了福井一些建議，讓他很高興的準備回去嘗試。到底結果如何？我忘記問，因為我每次都在跟他聊怎麼設置（便宜、耐雨、耐冷熱又不容易被偷走的）錄音設備錄青蛙的叫聲。

　　總之，在日本念書之後的重要體會之一，就是要多認識三教九流的人，因為你不知在何處會用得著他們的專門知識。

料很多很難探測沙拉

材料

馬鈴薯 3 顆、蛋 2 顆
紅蘿蔔 1 條、洋蔥 1 顆
芹菜 半根、黃椒 1/4 個
紅椒 1/4 個、紫高麗菜 1/8 個
牛油 適量　鹽、胡椒 適量

作法

1. 清洗馬鈴薯跟蛋，一起進大鍋裡加冷水煮。
2. 把紅蘿蔔和洋蔥切成丁。芹菜、黃椒、紅椒、紫高麗菜也切成小片。
3. 放一塊牛油到煎鍋裡，稍微有點化的時候先放洋蔥丁，一直炒到洋蔥變得油亮又有點軟的時候，把紅蘿蔔丁也加進去一起炒。等到洋蔥丁變成金黃色、紅蘿蔔也熟了的時候起鍋，倒進大碗中。
4. 把鍋子裡的水煮蛋先撈起來放進冷水中，等著剝殼。
5. 用叉子或筷子戳馬鈴薯，在確認馬鈴薯熟透後取出剝皮。（一定要趁熱處理，才能夠用馬鈴薯的熱度融化牛油，吸收殘留在洋蔥和紅蘿蔔丁上的油脂）
6. 把剝好皮的馬鈴薯和剝好殼的水煮蛋放進已裝有洋蔥丁和紅蘿蔔丁的大碗中，撒上適量的鹽、胡椒，用力搗碎、拌勻。
7. 加入已切成丁的芹菜、黃椒、紅椒、紫高麗菜拌勻。

這道料很多的沙拉，將近有八種的材料，
是否很像福井因金屑片很小，
探測器不好找的困擾一樣，
必須努力的挖開沙拉，才可發現埋藏在裡面的好料，
會有像挖寶一樣的驚喜喔！

28

獸心獸術

許多「人醫」都很羨慕「獸醫」。理由是萬一出了事，動物的飼主通常只是哭哭了事，運氣壞一點的獸醫也頂多是挨罵就算了，因為醫療糾紛而得打官司的比率，在兩者之間有著天與地的差別。

到目前為止，我只認識一個因為醫死了一條狗，就對飼主「以身相許」，居然把飼主給娶回家的獸醫。不過在此的重點不是要道人長短，而是要說明獸醫有時是比人醫辛苦的。因為他們除了看動物的病之外，有時還會因為交友不慎，而在醫治朋友的寵物之後不但收不到錢，還會挨上一頓臭罵，或是被碎碎念上一輩子。

事實上，我就是那個不但不付錢，而且還摔電話罵人的寵物主人，而老千正是那位倒楣的獸醫。這種事情一共發生過三次：第一次是為了我的綠繡眼（就是〈鳥為食亡〉的那隻，詳本書P.66）、第二次是為了倉鼠（黃金鼠）、第三次則是為了我的小鸚哥（就是〈轟動武林的白鼻心〉那隻笨寶，詳本書

P.62）。前面兩次可以算是我不講理，可是第三次絕對是老千不好（雖然那次無關他的醫術）。也因為這三次事件，我後來每次見到他就恐嚇他說，要是哪一天他自己開業，我一定會比照醫人的醫生會得到那塊「仁心仁術」的匾額一樣，送他一塊寫著「獸心獸術」的匾。

於是乎，他就算是離開了教學醫院，也始終窩在動物園中，抵死不肯自己開業……。

我的倉鼠是大魚學姐家的倉鼠後代。在養了兩三年後，倉鼠爸爸在外已經有了一大堆後代的某一天，我突然發現倉鼠爸爸已有好幾天都把食物留在外面，沒有搬回去自己的儲藏角落了。由於牠平時是很貪吃的，所以不吃東西、對食物沒有興趣一定是牠身體哪裡出了差錯，我就把牠從飼養槽中撈出來，仔細地東看西看，想要找出是哪裡不好（我是完全的門外漢，有看沒有到）。看半天我只覺得牠的牙齒好像有點長，猜想應該是磨牙用的東西不夠，於是在放一小塊木頭到飼養槽、換了新報紙以後，就結束了那一天的「診療」。

過了幾天，倉鼠爸爸的體重越來越輕，又一直流唾液不吃東西，一副很慘的樣子，我就把牠帶到學校去給老千看。老千想起「被我害死」的那隻綠繡眼，原本是不想理我的（而且那時他還沒有畢業，仍是個草地大夫），但是在不小心看了倉鼠

一眼以後，就把倉鼠接了過去，到處摸摸看看，然後倒退了三大步。在離我有一段距離之後，他對我說：「妳有沒有看到倉鼠的喉嚨附近很奇怪？是淋巴癌呢！而且都長膿了。這種病既治不好，又沒法吃沒法喝，留牠活著只是在活生生地折磨牠而已！」然後，在我還來不及說話時，就「啪嘰」一聲，把倉鼠的脖子給折斷了！我又驚又怒，在搥打了他好幾下以後，就把可憐的、已經變得輕飄飄的倉鼠屍體搶回來，我對老千說：「你為什麼不先跟我說，我可以先跟牠說再見啊！」他冷冷地回答：「那樣有用嗎？」於是我找了一個盒子把牠裝起來，拿去埋在生態室外面的大樹下。這一次因為多少有預期到倉鼠的命運，所以倒是沒有掉眼淚。

　　第三次則是發生在我到日本念書以後。我在出國之前，就把我的小鸚哥笨寶寄養在隔壁的動物行為研究室給諸位好心人

替我飼養。由於大家不太有空放牠出來練飛、陪牠運動，牠就越來越胖，終於落到飛不起來、只能像小雞一般在地上走來走去的地步。說牠可以飛還真是抬舉了牠，因為牠只能像自由落體般往下掉，而且落地聲簡直就像是把裝滿了水的氣球往地上砸一般的「啪答」聲，比飛鼠還差勁許多。而當牠想要到桌上和大家玩耍時，牠就邊用嘴咬住大家特地幫牠放的一條電線，邊用力地用腳攀到桌上去，完全沒有鳥應該有的樣子。由於牠真的不會飛，而且又圓圓胖胖的很可愛，據說還曾被楊德昌導演借去當某部電影的活道具哩！

我一直以為牠過著幸福快樂的日子，可是當曹丕學長到日本開會，在我苦求他到我看青蛙的法然院做飯給我吃時，他一個不小心提到：「妳有沒有聽說妳的小鸚哥怎麼了？」我很訝異地回問他：「沒有呀，發生什麼意外了嗎？」他才發現糟了大糕。

在我追問個不停以後，他才以一副難以啟齒的樣子對我說：「有一天老千到動物行為研究室找人，在脫鞋進門時踩到一團軟綿綿的東西以後大聲地問：『是誰把拖鞋丟在這裡？』」結果那並不是隻拖鞋而是笨寶。這事讓全研究室的人都很驚慌，覺得這下子真的會被我恨死，所以就集體投票決定要舉「室」隱瞞這件悲劇，沒想到卻被學長專程到日本「揭發」了。

我身在異國異鄉，即使心有憤恨也無法發洩，況且我把笨寶寄人籬下那麼久，出了差錯也不能太怪研究室的人不小心，只好繼續賴老千，逢人就訴說我的寵物悲劇。於是，在那以後，老千為了保持耳根的清靜以及自己的名譽著想，就和我兩不相見，直到他很哀怨的發現我在愚人節當天出現在動物園，跟他說「哈囉，我也來這兒上班了」為止。

一塌糊塗生菜鴿鬆

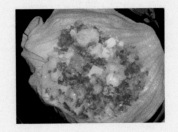

材料（4 份）

　蝦仁或雞肉 400g
　韭黃 30g、西生菜 12 片
　荸薺 150g（罐頭荸薺把水瀝乾）
　鹽 適量、胡椒 適量、酒 少許
　沙拉油 適量、麻油 適量

作法

1. 除了生菜以外，將其他配菜剁碎，放到鍋中用大火快炒 3 分鐘。
2. 把佐料加入（1）中，炒到肉和菜都熟了為止。
3. 裝在盤中，要吃的時候再包到生菜裡面捲起來吃。也可以用薄餅取代
   生菜，做成薄餅捲。

一隻小鸚哥的體重也不過幾十到幾百公克，
被劊形大漢的大腳丫一踩之下，一定是一塌糊塗，
連巫婆都不敢、也不忍想像那個場景呢！
以雞肉為主的鴿鬆雖然很符合這個慘狀，但還是
建議改用蝦仁口感會更好，也可沖淡慘痛的記憶。

29

魔鬼太田

早在我進日本京都大學念書之前，「太田」的名字和傳奇，就已經如雷貫耳地在我的耳邊縈繞許久。原因不只是由他發表的論文數量不是用「篇」計算，而是到了可以「論斤秤」的地步；流傳最廣、也最驚人，甚至登上了京都大學動物行為講座「極祕檔案」的，卻是他在蘭嶼和臺東的親身經歷。

這個故事在臺灣是由當時的臺灣省立博物館（今臺灣博物館）傳到師大再傳到臺大；在日本則是由京大傳到各個大學和研究所。內容幾經轉述，自然變得越來越誇張，導致本來就已經因為酒量及論文數量而有了「魔鬼太田」外號的太田，每逢遇到曾經聽過他故事的人時，就會從對方的眼中看到深深的敬意，直到讓他受不了的地步。於是，當我央求他告訴我原版故事，好讓我把真相公諸於世時，他不但二話不說地就答應了，還千交待、萬交待：「要老老實實地寫，不可以加油添醋喔！」

天地良心，我寫「科普」文章一向都是很誠實的喔！以下，就是他告訴我的第一手內幕消息。

太田是研究蜥蜴分類的。研究分類的人，總是需要到有研究對象以及研究對象的「親戚們」出沒的地方去採集，才能作分布或是動物地理學的研究。由於日本和臺灣有許多共通或近緣的生物種，對日本的分類學者來說，臺灣本島及各個離島，就是他們在做研究採集時的必到之處。而對太田來說，臺灣甚至可說是個「寶地」。因為從我聽來的馬路消息，光是在臺灣，太田就找到了好幾個新種。尤其到了蘭嶼，他不僅是「逢洞則掏」——每看見一根電線桿，就伸手到每個電線桿的洞中找動物；還「逢屍即撿」——只要看到馬路上有被車輾死的動物屍體，就會撿起來帶回日本鑑定。於是在看遍每隻洞中的活動物還有路殺動物之後，成果自然就是他的論文又多了許多篇。

言歸正傳。那樁傳遍海內外的傳奇，大概是發生在 1986 年的夏天（因為他不記得確切日期，只記得有許多斯文豪氏赤蛙在叫）。那年當他到蘭嶼採集時，正好碰上颱風，飛機停飛，到處都買不到食物。他二話不說買了五瓶啤酒就進山裡，過了幾天之後，回到鎮上又到店裡把所有的啤酒都搜括光，再撐了一個星期，直到採集工作告一段落，搭機抵達臺東之後才總算有東西吃。而故事發生的地點，就是在臺東的紅葉。

話說那時京都大學的副教授松井在知道太田要到臺灣之後，就要太田替他抓一些臺灣的斯文豪氏赤蛙，以便讓他用來和日本的斯文豪氏赤蛙做比較。於是太田就在晚上到紅葉村的

動物五花八門

溪邊替松井抓蛙。

那是一個月亮很亮的晚上，溪邊有許多斯文豪氏赤蛙在
叫。當太田低著頭在溪邊找蛙、抓蛙時，從眼角瞥見遠處有
一隻動物，以很快的速度向他衝過
來。他原本以為那是鹿還是

其他的動物，因為不知溪邊有人而莽撞地跑過來，於是就不予理會繼續抓蛙。但等那隻動物到了十尺之外，太田卻赫然發現那是一隻大型獵狗，顏色不記得了，只記得耳朵特別長，正對著自己撲過來，完全就是一副要攻擊他的樣子。

由於只要喉嚨被狗咬上就完了，太田就把身體往前傾、把手臂舉起來擋在自己的喉嚨前面、護住要害。但是如此一來，卻讓太田的腹部整個暴露在那條獵狗的前面。那條狗改個方向，直撲太田的肚子，張口就咬了下去！

此時的太田是痛徹心肺，全身已經縮成一團，但是那條獵狗卻還不肯鬆口，視太田如仇敵（或是獵物）。完全無計可施，儼然就要喪命於狗口之下的太田，在被逼急了的狀態之下，只好把嘴一張，死命地咬住那條狗的頸部，然後，居然把那條狗給咬死了（因為他咬住狗的氣管，讓狗窒息而死）！當他終於筋疲力竭、「狗血淋頭」地放開那條

死狗，到溪裡沖洗、檢查自己的傷勢時，驚覺自己最下面的肋骨被咬斷了兩根。

雖然他受了這麼嚴重的傷，可是卻一點也不想去醫院就診。因為一來語言不通（他的英文很好，可是在紅葉不見得找得到懂他的人）；二來他最想抓的蜥蜴和青蛙都還沒抓到，不甘心就這樣被送到大都市的醫院就醫，所以他就只用大毛巾在肚子上裹了三層做固定，然後，又再繼續抓蛙、找蜥蜴，直到他覺得那趟到臺灣的旅費已經值回票價之後才去醫院就診。而且那純粹只是為了預防萬一，因為他害怕狂犬病或其他傳染病（雖然他覺得那隻狗的眼睛看起來滿正常的，不像有狂犬病），而不是為了要醫他的肋骨。可是從來不看醫生的太田居然會到醫院去的這點，就已經足夠引起大家的興趣。於是在眾人追問太田受傷的緣由之後，這個「人咬狗」，而且還把狗給咬死了的傳奇故事，頓時就在全臺灣以及全日本的動物界傳了開來，讓所有聽過這個故事的人，不管實際上認不認識太田本尊，都會繪聲繪影地把太田「徒手搏殺獵狗」的故事轉述給其他人聽，替「魔鬼」的外號更增加了許多「血淋淋」的色彩。

事實上，當我第一次看到他時，我也是忍不住先看他的胳臂有多粗，並且還需要努力克制，才讓自己不去盯著他的滿嘴牙齒看呢！

你死我活酒仙肋排

材料（3 份）

　帶骨肋排 6 根、大蒜泥 2 茶匙
　紅蘿蔔 1 根、洋蔥 1/2 個
　鹽、胡椒、醬油 適量、紅酒 200 cc
　自己喜歡的香草植物 適量

作法

1. 為了方便烹煮和保存，把肋排切成一塊一塊。不過要是冰箱和鍋子夠大，就可以整塊操作不用切小。
2. 把鹽、胡椒灑在切好的肋排上，把大蒜泥揉進肋排裡（也可以直接把大蒜用力抹到肋排裡），靜置 1 小時。
3. 把調味好的肋排泡到紅酒裡，放進冰箱冰兩個晚上。
4. 在烤盤上鋪錫箔紙，把切塊的紅蘿蔔和切成片的洋蔥排上去、烤箱預熱至 220 度。
5. 把用紅酒醃好的肋排取出，用大火在煎鍋中煎到肋排兩面的表面都變金黃色，但是不必熟透。
6. 加上少許香草植物，上面再蓋一層錫箔紙後，放入烤箱烤 20 ～ 25 分鐘。只要竹籤能夠刺透肋排，就大功告成啦！

由於太田沒有去醫院就醫，只是放著讓肋骨
自行修復，所以下面的兩根肋骨就沒有長好，
還多少留下一點後遺症。以形補形、吃骨補骨，
記得肋排的骨頭要拿起來啃，順便鍛鍊一下
自己的牙齒。由於太田愛酒，所以食譜中
也用酒醃肉，酒的種類也可以隨自己喜好改變喔！

30

搭霸王車的動物們

在我念研究所的時候，陽明山國家公園是不少學長姊或學弟妹的實驗地，而在那個時候，搭普通公車到北投再去轉搭小型巴士，就是我們最常使用的交通工具及路線。

有一天中午吃過飯，學弟施維揹起了背包、收拾了一堆老鼠籠，就出發往陽明山要去進行他的老鼠族群研究。由於老鼠是夜行性的，照理說施維應該要到隔天早上才會出現，所以當下午大家在研究室裡看到他時，都感覺非常驚訝的問：「你的實驗不用做了嗎？」

他的回答極端的匪夷所思。他說：「我搭小巴的時候被猴子咬，到醫院去縫了好幾針就回來了。」

起初，大家都以為是自己聽錯了，異口同聲的要施維從頭敘述一次。施維的回答倒是挺簡單的，他說：「我就照平常那樣，搭公車到北投以後，就在北投車站轉搭小巴，坐在最後一排的位子上。然後等到小巴開始上山，在司機停車的第一站，

就有一隻馬來猴上了車。那隻猴子上了車，就毫不猶豫的往最後一排走。牠可能是覺得我坐了牠的位子吧！眼睛和我對上了以後就要往我身上跳，我正好手上拿了一把傘，就用傘來擋牠。而這樣卻讓牠更生氣，後來我一個不小心，肩膀就被牠咬了一大口，只好回頭到醫院打針、還縫了好幾針呢！」

　　聽施維講完，大家最關心的並不是他縫了幾針，打了多少種針，而是那隻馬來猴有沒有買車票！據說這隻猴子是搭公車的常客，上下公車有固定的站，而且公車司機只要看到牠站在站牌旁，也都會停下來讓牠搭便車呢！只是從來不曾發生過咬人事件，也許是因為施維坐在牠最喜歡的位子上，讓馬來猴覺得施維侵犯到牠的領域吧！無論如何，直到現在事隔多年，施維肩上的傷疤還是歷歷在目，而我有天居然也遇到了一位自己搭公車的動物乘客。

　　話說巫婆喜愛閱讀，每天只要一上公車，就會開始看我的各類書籍，一直看到下車為止。但是在夏季的某一天，這個例行公事卻被打斷了。因為公車才剛過公館，就突然聽到公車司機回頭問了一句話：「那是誰的？」

　　我一回頭，看見一隻黃金獵犬穩穩的坐在最後面右邊靠窗的位子上，還一個「人」占了兩個位子。包括我在內的所有乘客都連連搖頭，應聲說：「不是我的。」

　　我坐的是右前方靠門的位子。由於好奇兼好事，就拉大嗓
門，轉頭問坐在後方靠車門位置的女士說：「牠在哪裡上車
的？」那位女士說：「應該是在公館吧，我也不確定」。大概
是因為這班公車是下車才要收票，乘客大都是從後門上車，所
以就讓這隻狗有機可乘，就這樣混上公車來了。

　　然後呢，這隻狗坐了兩站以後，居然開始在公車裡走來走
去。牠先是從後排開始，一個個位子往前看呀、聞呀的找，到
我旁邊被我玩了十秒鐘以後，再走到司機身後坐下來，把頭伸
往司機的手煞車。我看到公車司機不知該如何是好的緊張樣，
就自告奮勇的站起來去把狗拉回來。而後，車上的乘客開始議
論紛紛，猜想牠可能是和主人走散了，可是牠看起來似乎是坐
慣公車的（所以主人也許是視障朋友？）。像我這般喜歡狗的

「好心人」，就覺得司機應該在回程的時候把狗狗帶回公館，再放牠回上車的地點，讓牠可以從那裡走回家。

在開動的車上走來走去的不管是人或是狗，都會讓司機擔心乘客安危。雖然我已經讓狗坐在我旁邊了，但是因為我坐的是前門旁的右邊第一個位子，也就是座位上會有「請繫緊安全帶」的那個位子，坐我旁邊地上的狗狗等於是坐在走道上，這讓司機先生覺得非常的不安心。於是我就把狗狗帶到後車門對面的雙人位子，我坐窗邊，拍椅子要狗狗坐上去。

牠還真的很乖，只是個子太大，所以在聽到坐下的指令之後，是把兩隻前腳搭在椅面上，屁股坐在地上。我趁機跟狗狗玩了三分鐘。

而後，司機把車開到警察大學對面那個站，要我把狗狗弄下車。我下車把狗叫下去，叫牠坐在公車站牌旁邊，然後才要走回公車上時，狗狗卻又一溜煙的爬上了公車。我抱著遲到換休一小時的決心，跟司機說：「那你把車開到警察局，我去報案說撿到導盲犬好了」。司機說好，但是在還沒經過派出所之前，就有個乘客下車前對司機撂話說：「為什麼讓狗狗搭公車，很臭耶！」

於是呢，當我在捷運萬芳醫院站要下車時，等該下車的人

都下車之後，我就走到最後面去問狗說：「我要下車了，那你要不要跟我一起下車？」

狗想了五秒鐘，跟我下了車。然後，在我還在問一個同車也同站下車的高中生說：「你知不知道這附近有沒有警察局呀？」狗狗沒跟我說聲再見就走掉了。我們看著牠逐漸消失的背影說：「這下子就變成流浪狗啦！」

雖然這樣一來，我不但沒有遲到，還早到了二十分鐘，但我也很關切在公館是否有個和導盲犬走失了的主人，或是被人棄養的狗狗「可魯」。等我到辦公室把早上的遭遇說給大家聽，大家先是笑得半死，再說：「其他乘客沒有覺得那隻狗其實本來就是妳的，只是妳不想替牠買票，就讓牠搭霸王車？」無論如何，那一整天我只要一低頭，都會聞到胸前的濃重狗味，提醒我那天的奇遇呢！

總而言之，不論是流浪犬或流浪貓等被棄養的寵物，或是其他的野生動物，除非真的可以把牠們帶回家當成自己的寵物好好照顧，給牠們一個家，否則就不要隨便餵牠們。因為餵野生動物或是流浪動物，只會引發社會問題或生態失衡的問題而已，是種錯誤的「好心」行為。當然，最重要的就是「不要棄養寵物」！另外，在路上看見工作中的導盲犬時，也不可以去跟牠們玩，干擾牠們「上班」喔！

迷魂香草磨牙棒

材料（15 份）

　高筋麵粉 90g、低筋麵粉 30g
　砂糖 3g、鹽 2g、酵母 1g
　溫開水 75g、橄欖油或沙拉油 1 大匙
　自己喜歡的香草植物 適量

作法

1. 把麵粉和糖、鹽混合在一起過篩，加上酵母。
2. 一邊加少量的溫開水（大約比室溫高 3～5 度）、一邊揉合麵和水，至少揉 30 分鐘。
3. 等麵糰開始不黏手以後，加上橄欖油、繼續揉麵糰，加入切碎後的香草揉勻。再把麵糰放在大鐵碗裡面、蓋上保鮮膜，做第一次發酵（靜置 40 分鐘左右）。
4. 等麵糰漲成兩倍大左右時，就用拳頭往麵糰中間搥上一拳把空氣放掉，再把麵糰揉圓、繼續放 10 分鐘。
5. 用擀麵棒把麵糰擀成約為 15 公分長、20 公分寬，再切成每條為 1 公分寬、20 公分長的棒狀。
6. 把每一條扁扁的棒狀麵條稍微搓圓，放在鋪有蠟紙的烤盤上，再靜置 0.5 小時做最後一次的發酵。
7. 放到已經預熱至 170 度的烤箱中，烤 15 分鐘即可。

巫婆從小就喜歡吃硬梆梆的餅乾
（日本有賣一種餅乾，包裝裡還附上一根小木槌），
吃肉時也會把骨頭上的肉啃得一乾二淨，
還把骨髓也吸光光，一點都不留給狗吃。
香草磨牙棒不但可以「人狗分食」，而且還可以
體會狗狗花上很久時間吃飯的「樂活」心情呢！

31

馬來貘跳車記

在學校、醫院、辦公室、甚至圖書館等地方，只要歷史夠久，通常都會留下許多故事軼聞或是傳說。而於 2014 年慶祝開園百年的臺北市立動物園，自然也不例外的留下了一些有趣且經典的動物故事。在這些故事中，我最喜歡的是「馬來貘跳車記」，而這個故事因為不是發生在動物園「裡面」，所以幾乎可以算是「被遺忘的都市傳說」呢！

這個故事發生在頗久以前，不知是要從某處搬運一頭馬來貘到臺北市立動物園去，還是要把馬來貘從臺北市立動物園搬去別處時所發生的事。不過因為還真的是「很久以前」的故事，不論我去問誰，都問不到「口徑一致」的說法。無論如何，綜合大家的記憶，好像就是說在搬運馬來貘的路上，載動物

的小貨車的車門不知道為什麼打開了，大概就在等紅綠燈的時候，馬來貘居然跳下了車，大搖大擺的逛起街來。

在司機還沒回報馬來貘的逃逸事件之前，動物園已經接到民眾打去的電話：「你們有一隻動物跑出來了喔！」接電話的人丈二金剛摸不著頭說：「什麼樣的動物？你怎麼知道是動物園的？」電話那頭的人說：「長得那麼奇怪，一定是從動物園裡跑出來的沒有錯啦！」接電話的人再問：「長得很怪？牠是什麼顏色的？什麼形狀呢？」打電話的民眾再說：「鼻子很長，可是不是大象；顏色是黑色和白色的，可是不是斑馬……。」

聽了這種描述，接電話的人也開始有點譜了，心裡認為那隻動物八成是馬來貘沒有錯。問題是有沒有動物「走失」，也要先問問動物園裡相關的組室，才能夠確定，所以照慣例就應該要問那位民眾的電話，以及「報案」的相關資料，例如：看見動物的場所、時間以後再做後續處理。

於是在掛電話之前，接電話的人就再多問了一下：「你看到那隻動物的時候，牠在做什麼？」電話那頭的回答是：「在我們家的店面外面吃我們家的麵包啦！」原來打電話的民眾就是麵包店的店主，虧他還能慢條斯理的講了半天呢！接電話的人立刻掛了電話，開始進行後續處理，讓相關組室到「出辛亥

路隧道沒多久的臥龍街口附近」去尋找「跳車的馬來貘」。

　　聽說當動物園的人抵達臥龍街時，那隻馬來貘仍然很快樂地在吃麵包店外面的各式麵包呢！所以動物管理員就用麵包把馬來貘引誘到載動物的車子裡面去，再把牠帶到原先要去的目的地。當然，也照價賠償了被馬來貘吃掉的麵包。當時，那家麵包店並沒有繼續在這件事上再做文章，要是現在的話，假如是我，就會在店外面張貼類似「本店的麵包，連馬來貘都愛」的海報來宣傳啦！

　　雖然在動物園裡面，會把大衛神父鹿稱為「四不像」，但是我還是比較喜歡以前古書中把馬來貘當成「四不像」的說法。古書中說牠是「形似熊、鼻似象、眼似犀、尾似牛、腳似虎」；而在日本的傳說中，則認為貘會把人的惡夢給吃下去，所以馬來貘便成了日本的吉祥動物了。

　　長大後的馬來貘，外觀是黑白分明的，乍看就像是「穿了白色肚兜」的野豬一樣。不過牠們在剛出生的時候，身體上卻長有條紋狀的保護色，讓牠們可以在遇到危險時，只要靜靜的躲在灌叢等地方不動，就不容易被天敵發現。像這種特徵，在野豬的成長過程中也會發生喔！有空的時候，大家可以到動物園裡面觀察看看。只要你一看到有條紋的小馬來貘時，一定會不由自主的大叫：「好可愛，好像布偶喔！」

Frogwitch Recipe

四不像雙色餅乾

材料（約 12 片）

　低筋麵粉 250g、奶粉 20g
　糖粉 100g、蛋 1 顆
　奶油 180g、巧克力 50g

作法

1. 把烤箱預熱到 180 度備用。
2. 用篩子先把糖粉、麵粉、奶粉都篩一下。
3. 奶油軟化後，加入糖粉一起打發、變白。
4. 蛋打散成蛋液後，分 2 ～ 3 次加入打好的奶油中攪拌均勻。把低筋麵粉、奶粉加入一起攪拌均勻。再放至冰箱冷藏到變硬為止。
5. 把變硬的麵糊取出，用擀麵棒稍微壓平一下。
6. 可以拿一張薄一點的紙放在馬來貘的照片上面描，用剪刀剪出外形以後，再放在已壓扁的麵糰上，用餐刀順著紙模割出外形就可以了。
7. 把割好形狀的餅乾，放到烤箱上層，以 180 度烤 10 分鐘即可。
8. 將巧克力放在剛烤出來的馬來貘餅乾的頭部，用餅乾的餘溫溶解巧克力後，塗勻其上半身即可。

有一個冷笑話說：「哪種動物不能夠拍彩色照片？」
標準答案從前是斑馬，最近是大貓熊。
但是由於馬來貘一樣也是黑白相間，
所以也可以算是「只能拍黑白照片」的同夥。
只要準備不同形狀的紙模，
還可以「順便」做出斑馬及大貓熊餅乾喔！

32

業餘象伕初體驗

　　2005 年寒假，我去日本千葉的市原象之國動物園玩的時候，那裡的園長送了我兩本書以及一張電影海報。等到這部名為《星星少年》的電影在臺灣上映時，我不但鼓吹熟人去看，還讀了三本不同版本的原著小說及衍生的繪本，甚至和作者通了信。這應該可以算是引發我想去大象保育中心學習跟大象有關的專業知識、當業餘象伕的動機之一吧！因為在電影及書中的人象互動，真的是會讓人對大象產生無比的敬愛，把牠們當成心靈相通的好朋友呢！

　　在 2006 年 4 月，我終於挪出時間到泰國清邁北部的大象保育中心去當了兩整天的業餘象伕，還拿了一張證書回來喔！

　　這個大象保育中心距清邁一百多公里，飼養大象的數目約五十到七十頭。主要的工作內容是幫助及照顧亞洲象，例如：救傷、醫療、復育、人工授精，還有象伕和大象的訓練，以及大象保育和象糞紙的推廣等。

所謂象伕，就是平時照顧大象生活起居的人。他們的例行公事是每天一早就到森林裡面去，把前一天放到林子裡的象接回來，然後餵大象喝水、吃東西，偶爾有甘蔗當獎勵，還要替牠們清理大便和堆積在身體上的塵土（很厚喔），以及把大象帶去河邊洗澡，之後再帶到與遊客互動的表演場去，讓大象把平時和象伕的互動展現給遊客看。等到下午四點的時候，再把大象帶回森林裡去，讓大象「就寢」。

　　業餘象伕，就是要學會如何照顧大象的吃喝拉撒、住行育樂。除此之外，也要學會給大象下指令，讓牠們蹲下、趴下、坐下、撿東西，好讓自己可以爬到大象身上坐著到處走。基本上來說，都是象伕在幫我們的忙，我們的指令說是說了，大象是高興聽才聽的。

　　我們在大象保育中心的象伕訓練學校中，是兩個人照顧一頭大象。當保育中心負責人帕索還在宣布事情的時候，我的眼睛就已經瞟向廣場上一頭「雞立鶴群」中的小象。等到帕索說：「你們現在可以去挑自己的象了。」我就一邊大喊：「我要那頭小象。」一邊用最快的速度衝向「我的象」。

　　牠是一頭名叫瓦娜莉的九歲母象。個頭在一群十幾歲到快五十歲的「大」象之中，還真的是小不點一個。牠的個性很溫馴，在和我不熟的時候，原先不讓我拍牠的鼻孔，但是在玩了

一天以後，牠就會有事沒事拿牠的鼻子來搶我的相機，或是對相機吹氣，看我抓不抓得住搶拍的機會哩。

在三天兩夜的業餘象伕訓練中，最精彩的高潮應該要算在河裡替大象洗澡。負責洗大象的人要和自己的象伕一起坐在大象的背上，直接下水替象刷洗。而就像我前面所提過的，瓦娜莉的身材「矮小」，不到兩公尺，所以當別頭象即使坐在水裡，上半身都可以露出在水面上時，牠只要一屈膝就會整個滅頂，只剩下鼻子在水面上。當然，在牠背上的我，也就淪落到水淹及胸的慘狀（可是好好玩）。當我要刷牠的鼻子刷不到時，還可以乾脆就趴在牠的頭上，倒著替牠洗鼻子呢！

在大象保育中心的大象表演，並不是像馬戲團那樣讓大象做一些奇怪的活動，而是要告訴遊客，泰國的象在從前都是伐木時用的「工作象」，必須幫忙人類工作，才能夠人、象都有飯吃。而且因為大象是種非常聰明的動物，記憶力好到連英文的諺語中都有一句是「大象永遠不會忘記（An elephant never forgets）」，所以要是不讓牠們找點事來做的話，反而對牠們的身心會有不良的影響，所以才會用「展示」的方式，來讓大象「賺零食吃」，甚至以此收入維持保育中心的營運。

聽象伕指令做動作的大象，除了表演讓象伕坐在牠們身上、替象伕戴帽子之外，牠們還會升旗、搬木頭、走一直線踩

動物五花八門

189

氣球，甚至會敲木琴、畫水彩畫！

　　這些表演不只是純粹為了娛樂遊客，其實也可以讓大象身心保持健康、增加行為的豐富化。例如踩氣球的表演，是針對大象走路時，會記住自己腳踩過的位置而設計的，所以只要前腳踩過某個地方，大象雖然看不到後腳，也可以讓後腳踩到前腳踩的位置。於是牠們不但可以看好氣球的位置把氣球踩破，也可以走在一大片雞蛋中而不把蛋踩破。而才藝的訓練也可以激發大象的潛能，讓他們有更多活動可以打發時間：如教大象敲擊木琴，只要讓牠們記得該敲擊的位置及順序，牠們甚至還可以合奏呢；畫水彩畫更是一絕，有一頭大象會畫花、一頭大象會畫其他的，不過牠們和人類一樣，畫畫的才能也不是所有「人」都有的。

　　無論如何，這回與象的「肌膚之親」，可真是讓我永生難忘，而且還上了癮，希望自己能夠很快的就可以再回到清邁去替大象掃便便。

Frogwitch Recipe

天然尚好蔬果汁

材料（4 份）

甘蔗汁 1000cc、椰果 200g

小麥草 一小把

（可用牧草汁或其他有機蔬菜代替）

作法

1. 把小麥草洗乾淨，先放到果汁機中用慢速攪拌後，再轉成用快速攪打。
2. 將小麥草與甘蔗汁倒在一起調成黃綠色的蔬果汁以後，再分裝到杯中，加入椰果即可。

亞洲象在野外吃的「天然」食物為草、木頭、
樹皮、樹葉、嫩枝、水果；在動物園裡
平時是餵大象吃乾草、穀物、嫩枝、葉子，
但有時也會給牠們紅蘿蔔、蘋果、麵包當獎賞；
在大象保育中心則會餵大象吃甘蔗。
在街上看見賣甘蔗的人時，可以買一截沒去皮的
甘蔗咬一咬、啃一啃，體會當大象的感覺喔！

33

大象表演這行飯不好吃

前面講過當象伕之「甘」，不夠開誠布公，為了要「平衡報導」，當然也要談談當象伕的「苦」。

泰國的象伕只會講泰文。我雖然會講的語言已經算不少了，但是泰文卻不在我的「聲道」之中。所以要跟語言不通的象伕學習泰語指令，來教聽「泰語」及「象語」雙聲道的大象，還真是非同小可。這光用「比手劃腳」來描述，是絕對不夠貼切的。於是，當我們和象伕「有溝沒通」時，大象做的事就會和我們自以為發出指令後所期待的結果有很大的差距，有時甚至會讓我們身陷險境呢！

其實我們學到的指令也沒幾個：前進是「掰」、快走是「溜溜」、停是「呵吾」、抬腳是「慈叔」、蹲下是「拉普慈」、把頭低下來是「答客囉」、全身趴下來坐好是「馬普囉」、躲或閃邊是「掰弧」、轉彎是「邊恩」、撿東西是「給特蹦」。由於依象伕的喜好不同，象伕教我們的騎象方式也不一樣，所以各組學的泰語也就會不一樣。像別組的夥伴騎的是「大」象，

他們就會是在要騎的象趴到地上以後，踩在大象的右後腳上，再爬到象背上去；而我們的因為是頭小象，所以就比較常是牠抬起右前腳，讓我們像是踩梯子般的爬到象背上去。

　　等爬到大象身上坐定以後，要指揮大象在平路上走，事情通常還滿容易的，只要隨著大象走動，把身體往前或往後擺動保持平衡，沒事喊喊「掰」或是「溜溜」，假裝自己在指揮大象過過乾癮就好。但是如果想要往林子或是河邊走的時候，由於大象們都會邊走邊吃，有時甚至會走到（不太高的）懸崖邊吃東西，在這種時候，指令不小心下錯就有可能會讓我們及大象「一失足成千古恨」。因為我的象雖說是小象，卻也有快要兩公尺高；別人的象甚至有到快三公尺高的。再加上自己原本的身高、懸崖往下的高度，這一個倒栽蔥往下掉的話，至少也會摔個五、六公尺呢！所以每次只要到了懸崖邊，就會聽到此起彼落的「掰，不對，呵吾，邊恩、掰……救命呀」聲！

　　在大象保育中心的第三天早上，我們騎著象要去看大象表

演時，慘（糠）事就發生了。當我們到達大象表演場外面時，已有一群象伕在外面迎接我們。我們一行十六人，有一半人先下了大象，走到表演場裡找位子坐、等著看表演。我原本坐在我的小象上不動，但有個不認識的象伕走過來用食指對我比：「妳，下來。」我乖乖的下象，跟著他走到一邊，以為他要帶我去找坐著看表演的地方，結果他卻帶我走到一頭「巨象」旁邊，再對我比「上去」的手勢。這頭大象，比我原本的象高出一公尺，要我像跳馬背那樣的跳上去，還真是強人所難。

在兩個象伕的努力下，我總算是上了那頭巨象的背。但是，我們居然就這樣的進了表演場，成了表演給諸多買票來看大象表演的觀眾看的「象伕」！而且表演的項目，就是用各種姿勢爬上象背、滑下來，之後再改一種方式跳上象頭、轉彎、把象鉤丟到地上，叫大象撿起來……。

在我最初騎上這頭不認識的「巨象」時，即使有兩個象伕幫我，都還讓我爬了半天。但是在大象表演的時候，其他象旁都只會有一位象伕，於是所有的觀眾都眼睜睜的看著我用很難看的方式，被兩位象伕「頂」到象身上去，然後主持人還用泰文及英文重覆的說：「今天我們很榮幸的有來自臺北市立動物園的朋友為我們做大象表演……。」這時的我卻怎麼也高興不起來，只覺得臉上不僅出現三條線，眼前還有烏鴉飛過……。

Frogwitch Recipe

象伕專用竹筒飯

材料（1 份）

　細竹筒 1 個 、水 適量
　米 1 杯（視竹筒大小增減）
　香蕉葉或其他無毒的葉子 少許

作法

1. 把米洗乾淨以後，放到竹筒裡面，浸泡 1 小時。米的量要是竹筒的 2/3 高。
2. 加水到離竹筒頂部還剩 1 公分左右即可。
3. 在竹筒的上方塞葉子，放到火邊加熱，小心不要讓竹筒燒焦。

在大象保育中心的第二天晚上，
象伕們煮了竹筒飯給我們吃。他們留給自己吃的是
小筒竹筒飯，給我們吃的則是宴客用的大筒竹筒飯，
不過我們都覺得小筒的比較好吃，就忍不住去搶
他們的來吃。竹筒飯的煮法當然會依竹筒的大小
而有不同，不過無論如何，都很好吃喔！

34

林旺「走」了

「完了，林旺掛了！」這是在我2003年2月26日一早走進動物園，還沒走到行政大樓，就已經看到停滿了各家媒體的SNG車、車身上寫著連續劇名的宣傳兼採訪車時浮現的第一個、讓我的心抽痛了兩下的想法。

不過轉念一想，「今天是動物認養案接受捐款的第一天，也許是這件事吧」，有點沒神經地邊走邊想，在遇到剛打完卡的小學妹阿眉之後，還討論了一下林旺的情況呢！但是因為我們都沒有碰到其他人，所以不知道媒體集合到動物園來，到底是為了那樁？把包包放進辦公室、開了電腦之後還是有點介意，於是就跑到動物組去繞了一圈。沒有異狀、沒人告訴我任何新聞。我安下心來，很自動地塞了一塊放在桌上的「金橘年糕」進嘴巴裡，悠哉地從動物組晃出去。

「東東，妳還不知道嗎？」負責園區內修繕工程的小擎追出來問我。「聽阿眉說妳還以為是動物認養的事，那妳現在知道沒？」不祥的感覺浮上心頭，我問她：「是林旺嗎？」得到

了肯定的答案。「我比你更脫線，我起初以為他們是來採訪今天園區競走的事呢！」小擎邊安慰我，邊送我下樓梯。

走回辦公室坐下以後，我開始極度地懊悔自己在昨天同事們趁著中午的好天氣，走到雨林區去探視林旺時沒有跟去，沒能看到生前的林旺最後一眼。「想看林旺」的念頭隨著時間的經過，一秒一秒地膨脹。所以一等同事們來上班，我就約她們一起去看林旺。

這時候，服務臺已經廣播過熱帶雨林區暫停開放的消息了，於是我們也不打算近看，只想走環園道路，從雨林區的上方看牠一眼。沒想到就連環園道路的入口處也封鎖了。平時都是「自己人」的駐警站著把關，很堅決地不肯放行；而在一旁等候採訪的諸多媒體記者也都虎視眈眈在一旁監視，生怕有人比自己早進去。駐警問我：「妳為什麼要去看林旺？」我答不出來。夜行館的動物管理員范姜也說：「妳看監視錄影帶就好了嘛！何況不急著現在，等一下也可以看呀，反正大家一整天都會在這裡的。」我無法回答我為什麼想看林旺，可是我就是想看牠呀！我不想看錄影帶啊！這就好像是很好、很親的老朋友瀕危，明知自己幫不上忙，卻仍然想在旁邊看著、陪著，但卻被醫護人員說：「不是至親的人請出去。」而被推出房間的感覺一樣。就算是在後來聽動物組的阿滿說她送飲料去給現場的工作人員，也只能送到門口時，這種被當成「閒雜人等」擯

除在外的沮喪，也還是深深的留在我心裡。

　　看著我在入口處賴著，一副不肯善罷甘休的樣子，同事們把我拉到一邊勸：「我們先回去，妳換上制服再來。妳今天穿得太辣了，不適合現場的氣氛。」想把我拐回辦公室。我身上穿的是紅色毛衣，還戴了個墨鏡，辣倒是不至於，不過的確是不夠肅穆。

　　忿忿不平地被同事往辦公室的方向拖，還沒走到，就看見大頭學長停了車、從他那輛在車身上畫了許多黃色青蛙腳印的綠色麵包車上走下來，手上拿著幾個扁平的紙盒子、脖子上垂了一臺相機、肩膀上掛著一架數位攝影機要往作業區走。我從遠處大聲地對他吼：「我要跟你去！等我換衣服！」

　　他轉了個方向，陪我走回行政大樓。在聽我口沫橫飛地描

述我被攔著不給看林旺的事之後，他哈哈大笑了數聲，知道我在被這一攔之後就已經卯上了，臭脾氣發作，從很單純地想看林旺，變成「你不給我去，我就偏要去」。

「好吧，反正我需要有人替我拍照作紀錄，那這個攝影機和相機就讓你負責囉！」我等的就是這句話！急急地換上 T 恤、套上雨鞋，扛起了相機、攝影機這兩種「通行證」，向鬆了一口氣的同事們揮揮手說：「那我去看林旺了喔！」就隨著大頭學長走向現場。

原先的駐警仍然站在原地，我用手指著大頭學長對她說：「來幫忙處理林旺的。」她一眼掃過我的全副武裝，搖搖頭、揮手讓我們過去。進到林旺的住居白宮之後，老千覺得我的牛仔褲和 T 恤還是太醒目而且會髒，叫我套上不織布的連身工作服，最好連帽子都給戴上，從頭包到腳。現場是老千最大，只要能讓我看林旺、在旁邊幫忙，不要說是這種理所當然的事，什麼話我都聽的。

現場除了動物園的人之外，臺大獸醫系的教授也帶了一大票學生來幫忙，大家全都穿上了相同的不織布連身工作服、套上雨鞋、拿著工具待命。而為了怕林旺的「後事處理」被外人看到，也已經有重型起重機、吊車抵達，用塑膠布把白宮給整個圍了起來。

在開始作業之前，老千對大家講了一番感謝林旺的話，也請所有的人低下頭來替林旺默禱祈福。林旺比在場所有的人都要資深、年長，又深受大家的喜愛，失去了牠，真的是讓全場涕泗縱橫呢。所以這時候大家的心情，完全不可和處理其他各類動物時相提並論。除了謙虛的學習態度之外，更多加了無法言喻的憐恤。對林旺所做的每一個動作，也都充滿了大家的感恩之心。

「林旺，好走」、「林旺，辛苦了」、「林旺，再見」。從每個人泛紅的眼中，都可以看出彼此的傷懷。

雖然在那以後，對於是否該把林旺做成標本展示，輿論分成兩大極端，互相抨擊，但是以我個人的觀點，林旺的皮和骨骼（包括影像、剪報等的紀錄）絕對要完完整整地保留才行。我從小在臺大動物系的系館玩耍，看著陳列在系館入口處的大象、鴕鳥等大大小小動物以及吊在天花板上的鯨魚骨骼長大。對我來說，沒名沒姓的動物骨骼和皮毛標本，純粹只是學習時的教材道具而已。但是林旺就不一樣，看著牠的每一吋皮毛、每一根骨頭，都會讓人聯想到牠一輩子顛沛流離，再終老臺灣的故事，於是在做解說的同時，不但充滿了感情，更多了無限的謝意。「人死留名、虎死留皮」；林旺是大家的、永遠的、無法取代的林旺，現在就一直站在臺北市立動物園教育中心的地下一樓大廳中，等著大家去跟牠拍拍照、想想牠。

Frogwitch Recipe

芝麻豆腐林旺鼻

材料（4 份）

葛粉 75 公克
無糖芝麻醬 75 克
昆布高湯 500cc
鹽 少許、芥末和醬油（做好後適量沾取）

作法

1. 把昆布高湯、芝麻醬、鹽依序徐徐加入鍋子裡的葛粉中，用打蛋器或筷子慢慢攪拌至溶化為止。
2. 假如要口感更好的話，可以用細網過濾，濾掉小硬塊。
3. 把鍋子放到爐上，用小火或中火加熱，以木匙不停攪拌，而且要從底部翻攪，讓整體均勻。
4. 煮到整鍋變得黏稠，木匙拿起來幾秒鐘後才會滴下來的稠度。（大約 10～15 分鐘）
5. 趁熱倒入金屬容器中，把容器整個拿起來在砧板上敲幾下，把空氣敲出來。用濕布蓋在容器表面，整個放進放了冷水的較大容器中冷卻。
6. 等芝麻豆腐涼了以後，切成長三角形（當成林旺鼻子）裝盤。
7. 沾芥末醬油食用。

芝麻豆腐是我的最愛，愛到每次去日本，
我京大教授會特地請他常去的店家做給我吃。
而在臺灣，吃到最接近日本芝麻豆腐的食物，
就是客家的花生豆腐。我將豆腐切成長三角形，
代表象鼻子；兩坨芥末醬油代表眼睛，
放在略為三角的白盤子上，是不是很像大象的臉呢？

35

動物園的動物命名法

初春某個「好日子」的早上，同事小擎走進我辦公室，手上捧著一盒喜餅，後面跟著獸醫室的獸醫傑希。我訝異萬分地輪流看著他們兩個人以及那盒喜餅，忘記我正在講公務電話，驚訝地問：「是誰要結婚？不會是你們兩個人吧！我怎麼一點都不知道你們有在交往？」

一向消息靈通的我，居然會有遠離八卦圈的一天，讓小擎和傑希覺得非常可笑，問我：「妳要不要確定一下？」就把喜帖遞給我了。

我原本很高興我和這對越看越有夫妻臉的新人頗熟，在喜宴上可以好好鬧一下，但是後來卻發現他們請客的日期正好和我到花蓮演講撞期，白白喪失了一個嬉鬧打扮的機會，於是只好鬱卒地請同事代為出席。

在他們婚宴前的動物園週報上，動物組刊出了曾姐寫的消息：「……在動物的保育繁殖工作上打前鋒的傑希，結婚後可

得身體力行喔！在小孩的命名上也完全不用傷腦筋，第一胎若是生女的就叫擎梅、生男的就叫擎忠。然後女的就按蘭竹菊；男的就依孝仁愛信義和平排列，生再多也不怕了……」。

事實上，這就是動物園最普遍的命名法。在有 DNA 鑑定之前，動物園裡面出生的動物，大多只能確定牠們的媽媽是誰，所以命名都是從母「系」。按照出生動物的性別，只要在媽媽的名字後面加上四季、四君子或是四維八德排序，就可以命出一個既知性別、又知排行及祖宗八代的名字。

在我還不知道這種命名規則之前，經常會對著黑猩猩的名字皺眉，覺得命名者真是沒有美學觀點，怎麼會把小母黑猩猩的名字取成「曼莉春」。而剛出生的小公河馬「娜孝忠」的名字也是頗為拗口，既不好記又不容易親近，也就不容易「打知名度」。但是在懂得命名原則之後，就知道曼莉春的媽媽是曼莉、娜孝忠的媽媽是娜孝，我原先的看法完全出自無知，居然還敢大放厥詞地亂放炮，還好動物園裡的大人有大量，由得我亂說而不見怪呢！

可是等一下，「孝」字輩不是雄性的排行嗎？原來河馬在小時候的性別是很難判別的，所以一個不小心，娜孝的性別就被誤判，「陰錯陽差」地有了個男性的名字。

當然，動物園內所有的動物都是有「身分證字號」的（現在還打上晶片）。但是只要是喜歡動物的人，沒有人會對著自己的「朋友」叫號碼，於是就出現了依管理員的不同，看見黃牛就隨口叫小黃、管乳牛叫小白或小黑的情形出現。有時基於「尊師重道」的原則，也會用管理員或是長官名字中的一字來替動物命名。

　　有一些不是園內出生，而是後來因為各種緣故而被送到動物園來的動物，就經常會以各種不同的方式來替動物命名，以示紀念或「教訓」。名叫「皇家一號」的孟加拉虎，原來是皇家馬戲團的成員；而牠的配偶「新店六號」，則是由新店的居民捐贈給動物園的。另外，有一隻臺灣黑熊被取名「小三」，那是因為牠的一隻腳被陷阱給夾斷了，四肢只剩下三肢。

　　還有為慶祝節慶而命的名，如長臂猿「春喜」出生於農曆春節、白手長臂猿「九九」則是 1999 年出生的。也有懷抱著眾人期望而命的名，如首度繁殖成功的大長臂猿名叫「大喜」、小馬來熊「伍安」的媽媽是小伍，這個名字就是「希望小伍的寶寶能夠平平安安」。來自澳洲的無尾熊派翠克、哈雷、愛克遜、夏娃、麗琪，名字是英文名的音譯；金剛猩猩黑皮也是外來種，原名是「Happy」呢！

　　在大貓熊還沒來到臺灣時，最受歡迎的動物就是企鵝跟無尾熊。而其中名氣最響亮的明星動物，是經由臺灣「全民運動」

而得名的企鵝寶寶「黑麻糬」莫屬。在這種請大家票選名字的場合，其實都是先在動物園內經過一場腦力激盪，想出幾個好聽、好記、又有紀念性的名字，再讓民眾公開投票的。

就像動物園曾經有過一隻在「出袋」不久，便不幸早夭的小無尾熊寶寶，其實也像人類在寶寶生下來之前，就已經列出一長串的名字，等著入圍決選、命名。候補的名字有「吳小熊」，是姓「吳」的小小無尾熊；有「夏克」或「愛娃」，表示是爸爸愛克遜和媽媽夏娃的愛情結晶；有「法克」，因為小無尾熊第一次曝光時伸出了一隻酷酷的手指頭（這是超級內幕，因為就算小無尾熊真的要公開徵名，這個名字也太不登大雅之堂了）；而我最喜歡的名字則是候補的「娃貴」（「夏娃」的孩子很寶貴），名字既有意義，又和臺灣著名的小吃碗粿諧音，和黑麻糬有異曲同工之妙，保證讓碗粿因熊而貴。可惜後來這一切期待都落空了，唉，真是太令人惋惜呢！

動物園的鎮園之寶——林旺，沒有遵守「行不改名、坐不改姓」的原則，既改了名又多了姓。最早時儘管這頭在緬甸被孫立人將軍俘獲的「日軍俘虜」，有著顯而易見的第二性徵，卻不知道為什麼有個極為女性化的名字——阿美。這個名字延用了多年，一直到牠大老遠地從高雄被送到臺北圓山動物園和馬蘭送作堆時，工作人員才替牠重新取了個雄壯威武的名字「林王」，表示牠是「森林之王」。可是叫著叫著，林王卻漸

漸「以訛傳訛」地變成了「林旺」，雖然牠從此不再稱王，卻替動物園帶來了旺盛的人氣，在壽終後還以八十六歲的象瑞身分榮登金氏世界紀錄，也算不虛此生。

動物園裡面著名的夫妻檔除了老冤家林旺和馬蘭之外，還有故事曲折、扣人心弦，比起「原出處」有過之而無不及的人猿夫妻呢！牠們是有人走私動物時被查獲而送入動物園的，於是管理員就把這對年齡相仿的小傢伙取名為「伯虎」和「秋香」，讓牠們一起玩。可是人猿也和其他靈長類一樣，打贏稱王的雄性才能「娶妻生子」，所以打輸了的「伯虎」只能淚眼汪汪地把自己的青梅竹馬拱手讓給當時的山大王「阿西」當壓寨夫人，一直等到阿西過世，伯虎才得以重回展場和秋香重聚。

在這堆名字之中，我唯一無法認同的是馬來貘的小名。牠姓貘（ㄇㄛˋ）名卡，但是管理員們都是摩卡、摩卡地喚牠。可是我每回看牠，都會覺得牠比較像卡布其諾而不是摩卡，雖然我還沒有去求證，不過我猜馬來貘的管理員一定不愛喝咖啡！

最後呀，巫婆我也要吹一下牛，因為我在小貓熊的命名上也多少盡了一點力。這對一公一母的小貓熊，是東京都多摩動物園送給臺北市立動物園的「禮物」。由於牠們原本的日本名

只有片假名沒有漢字，所以在把名字譯成中文時，巫婆還真像是爸爸、媽媽在替小孩命名時一樣的，又算筆劃又想意義的，才把名字給定成「暢暢」和「小董」呢！

保證熱門碗粿熊好

材料（6 份）

　在來米粉 600 公克、香菇 5 朵
　蝦米 2 大匙、沙拉油 5 大匙
　米酒 少許、太白粉 1 大匙
　滾水 約 700cc、紅蔥頭 2 大匙
　豬絞肉（不要絞太細）300 公克
　蘿蔔乾 2 大匙、減鹽醬油 3 大匙、糖 1/2 大匙
　胡椒 適量、薑 1 茶匙

作法

1. 把滾水分幾次倒入在來米粉及太白粉中，攪拌均勻直到成為糊狀。
2. 蝦米洗淨後泡在水中 10 分鐘、切細，浸泡的水留著備用。香菇去蒂洗乾淨，泡水泡到軟，切成小塊。
3. 把除了在來米糊以外的所有材料連同調味料一起下鍋炒香，盛起備用。
4. 用沙拉油把裝碗粿用的碗內塗上一層薄油，倒入在來米糊到七分滿。鋪上炒好的配料。
5. 把碗放入蒸鍋中用大火蒸 15 ～ 20 分鐘即可。

碗粿是著名的臺灣小吃，
無尾熊則是人見人愛的明星動物，
這個異「類」結盟的名字可真是太有創意了，
連巫婆我都不得不佩服。
要是覺得碗粿看起來有點單調，
還可以用滷蛋和葡萄乾來裝飾成耳朵和眼睛喔！

36

我愛沙巴

　　馬來話的「婆羅洲」，也就是印尼話的「加里曼丹島」，是世界第三大島。而位於婆羅洲北方屬於馬來西亞領的沙巴，則是我從第一次造訪就深深愛上、且每次去就再多愛她一點的地方。當然，主要原因在於那裡的生物豐富多樣性。不過多去幾次，便越來越瞭解她所面臨的問題，也希望自己能夠做些什麼事情來幫她一點忙。

　　第一次去沙巴，是在 2007 年 5 月參加完東南亞動物園水族館協會的年會之後。那年是由馬來西亞的國家動物園主辦，會場在吉隆坡。在辛苦開完會之後，我便跟女蝠俠向同去開會的長官說再見，然後飛到沙巴（自費）跟從臺北的老千、曹丕學長以及雨林區長之亭會合。他們是因為動物園要把夜行館拆掉，改建成熱帶雨林的室內館，所以要去馬來西亞最高的神山（Mt. Kinabalu，4095 公尺）看那邊的樹冠層展示，希望能夠成為新館區的參考。而我和女蝠俠一來都沒去過沙巴，想去看動物；二來我的大學同學阿飛因工作的關係，已經去了沙巴首府的亞庇多年，我們吃住都可以賴他，所以就開開心心的請

了假，一起去逛沙巴。

　　阿飛是香港僑生，畢業以後原本是在馬來西亞做蝦子的養殖，但由於養殖場屢遭「海盜」搶，於是就改了行，成為「事業很成功」的華僑。我們在沙巴的時候，他就派了一輛車，讓司機載我們一行五人做了亞庇—神山—山打根—京河—再繞回來的橫跨沙巴州之旅；而且是在四天之內就走了一千多公里的顛簸之行。

動物五花八門

這一趟旅程對我來說比較像是在探路，看看沙巴有哪些著名的動植物景點、有什麼生物容易見到、什麼動物是千載難逢才會遇見、還有什麼食物會讓人回家後朝思暮想：如叻沙麵、椰子、山竹、蛇皮果；或是像龍眼的蘭撒（Langsat）、紅毛丹等水果，都是只要吃過就會愛上的美味。

我們想看的動物主要分布在沙巴的中部（神山）和東部。特別是在東部的山打根和蘇高，有京河這條長達 560 公里、沙巴最長、馬來西亞第二長的河川流過。由於整個婆羅洲的熱帶雨林以很快的速度被砍伐，植林改種油棕樹，所以野生動物的棲息地只剩下京河兩岸的保護區。滿山遍野的油棕樹在採收果實、榨油之後得到的，就是我們日常生活中不論是食用的巧克力、零食、泡麵，或是日用品的洗潔劑、洗髮精等成分表中經常出現的棕櫚油。所以我們在不知不覺之中，都讓野生動物們逐漸無家可歸呢！

京河流域的生態旅遊很發達，有各種不同等級的營地可以住。從沒有電、只有部分時間會用發電機發電（洗澡理所當然的使用冷水）、睡在高腳小木屋的蚊帳裡的生態營地，到有水有電、有床有枕的叢林營地等都有。不過不論是住在哪種營地，生態旅遊都是主打搭船看生物。第一次和大家一起去的時候正好是螢火蟲季，夜晚坐在船上看著兩岸樹上比聖誕樹還要閃爍、還要美的螢火蟲求偶行為，實在既夢幻（好美啊！）又

動物
歡喜
歡喜

212

實際（「喂，你有沒有數哪種顏色的亮光閃幾下？」）。

這種搭船找動物之旅，有早餐前的透早船旅、早餐後午餐前的晨間船旅、午飯後的下午船旅、晚飯後的夜間船旅。在京河上來來往往的船隻在交錯的時候，大家都會互相通風報信，「那邊有長鼻猴」、「我們也沒有看到矮象」、「前面有犀鳥喔」。船伕的眼力都非常好，視力可能都在 3.0～4.0 以上，因為他們明明就是在開船，卻能夠看到對岸的樹葉中有蛇！實在是了不起。不過我們這趟船旅的最高潮，卻是在連天連夜的大雨之中，因為不論是馬來猴、長鼻猴、各種鳥類都被大雨淋到躲在樹林下層，離我們非常的近，所以我們一次至少看到上百隻的靈長類動物，看得超開心。可惜我的相機也因此被雨淋壞，導致我眼睜睜的看著其他人拍照拍得很開心，卻完全沒有照片可以拍（後來就怒買了一臺可以潛水十公尺的相機）。

雖然我們看到很多動物，但讓我記憶最深、覺得最好笑的卻是女蝠俠在蝙蝠洞中的言行。蝙蝠洞以前其實是燕子棲息的洞穴，由於人們接二連三的去採燕窩，不但對牠們造成超大的干擾，也威脅到牠們的生存，於是燕子全部飛光光。新搬進那個很大的洞的，是為數眾多的蝙蝠。既然女蝠俠跟我們在一起，我們當然也就安排了蝙蝠洞之旅。

蝙蝠棲息在高高的洞頂，我們只看到密密麻麻、擠在一起的各種蝙蝠，離我們最近、而且層層疊疊多得不得了的，反倒

是數量顯然比蝙蝠還要多的蟑螂！有些出生不久的小蝠在媽媽出外覓食時從牆上掉下來，就會成為蟑螂的口下冤魂。女蝠俠在高起來的石頭上撿到一隻小蝠，把牠拿起來確認物種是「游離尾蝠」之後，就把牠放回原處。隨後立即發現有蟑螂爬過來要對牠不利，就一直站在旁邊幫小蝠趕蟑螂。我們跟女蝠俠說我們得走了，再趕牠也撐不了多久。女蝠俠還是非常不捨，她說：「牠要是死掉了，我就可以把牠帶回去泡起來做標本啊！」老千說：「那我乾脆幫牠安樂死，讓妳帶回去好了。」

　　我萬萬沒想到女蝠俠居然說好！真是……。這時我正好在旁邊撿到一隻剛死的小蝠，就叫她放手不要管那隻還活著的，帶這隻走就好，她倒也很乾脆的就拿起來裝進隨身攜帶的夾鏈袋中，然後說：「那等一下我們去小七（7-11）買酒精跟棉花吧，我要用酒精棉把小蝠包起來。」我說：「小七？妳以為妳在臺灣嗎？臺灣的小七都不一定有酒精跟棉花了，何況是這裡。不要想了啦！」她又說：「那怎麼辦？小蝠會臭掉耶。」我說：「沒關係，我還有同學在這裡，他在山打根的華文中學教書，找他想辦法。」果然，人脈多，事情就好辦，沙巴的小蝠就這樣裹著厚厚的酒精棉，包在層層的夾鏈袋中跟我們回臺灣了。

P.S. 山打根的華文中學沒什麼資源，我去看過一次之後，回來就開始募集教材寄過去，這幾年也寄過四箱書去。如果有朋友願意共襄盛舉，可以跟我要學校的地址。

Frogwitch Recipe

就是愛叻沙

材料（4 份）

咖哩叻沙醬 1 包（200 公克）

椰漿 250ml

貢丸 4 顆

魚丸 4 顆

蛤蜊 12 個

時蔬或豆芽菜 適量

河粉或麵或冬粉 4 人份

（如果你跟我一樣愛吃肉，再加入 4 根小雞腿）

作法

1. 把咖哩叻沙醬倒入鍋中，加入1200cc的水煮沸，加入椰漿，再煮到滾。
   先放置一旁。

2. 再燒一鍋水，把所有材料都燙熟煮沸、撈起。分裝在容器中，平均分
   配各種食材到每個碗中。

3. 把煮好的咖哩叻沙湯淋上去，就大功告成了。

我愛沙巴，自然連當地的美食都愛，
所以第一個就想到叻沙（Laksa）。
叻沙醬目前在百貨公司的超市都可以買得到，
材料大約有蒜茸、香茅、黃薑及椰汁等，
加上麵或冬粉，就是一道很有南洋風味的料理喔。

臺灣動物

■臺灣黑熊

鄭至文 攝

- **分類**：哺乳綱、食肉目、熊科。
- **分布**：中央山脈海拔1,000至3,000公尺的森林。
- **體長**：120~180公分左右。
- **體重**：50~200公斤。
- **食物**：雜食動物，以覓食植物葉片、地下莖、果實、蜂巢為主，也會吃小動物。
- **特徵**：胸前有黃白色V型斑紋。
- 為臺灣特有亞種、瀕臨絕種保育類。

■白鼻心

- **分類**：哺乳綱、食肉目、靈貓科。
- **分布**：亞洲南部及東南部的森林裡。
- **體長**：50~70公分。
- **食物**：雜食性，喜歡多汁的果實，也吃鼠類、昆蟲、蝸牛等。
- **特徵**：由額頭至鼻端有一條明顯的白色縱帶。
- 臺灣特有亞種，為珍貴稀有保育類。

■穿山甲

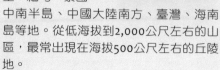

- **分類**：哺乳綱、鱗甲目、穿山甲科。
- **分布**：尼泊爾、錫金、緬甸、泰國、中南半島、中國大陸南方、臺灣、海南島等地。從低海拔到2,000公尺左右的山區，最常出現在海拔500公尺左右的丘陵地。
- **體長**：50~55公分。
- **食物**：螞蟻、白蟻等蟲類。
- **特徵**：沒有牙齒。除了吻部、臉頰、下顎、喉部、腹部及四肢內側外，全身都覆蓋著灰褐色的鱗片。鱗片下有毛。
- 臺灣特有亞種，被列為珍貴稀有保育類。

■臺灣獼猴

- **分類**：哺乳綱、靈長目、獼猴科。
- **分布**：從平地到3,000公尺的山區，通常在溪谷和森林的邊緣。
- **體長**：35~65公分。
- **尾長**：25~45公分。
- **體重**：5~12公斤。
- **食物**：雜食性，會吃植物的莖、葉、花、果實、種子、樹皮等，也會吃昆蟲、白蟻、鳥蛋、蝸牛等各種動物性食物。
- 臺灣特有種。

■山羌

- **分類**：哺乳綱、偶蹄目、鹿科。
- **分布**：中國大陸南方、臺灣。臺灣全島低海拔至海拔3,000公尺之山區，天然闊葉林或混生林。
- **體長**：40~70公分左右。
- **體重**：6~7公斤。
- **食物**：草食性，喜歡吃細葉幼芽及嫩草，以灌木、蕨類等植物為主食。
- **特徵**：雄性具有一短角，雌性無角。
- 臺灣特有亞種，是臺灣鹿科動物中體形最小的。珍貴稀有保育類。

■東亞家蝠

陳湘繁 攝

- **分類**：哺乳綱、翼手目、蝙蝠科。
- **分布**：全臺低海拔地區。棲息在建築物的各種縫隙裡。
- **體長**：體形很小，成蝠體長不到5公分。
- **食物**：小型昆蟲。
- 是臺灣最常見的蝙蝠。夜行性。

■領角鴞

鄭至文 攝

- **分類**：鳥綱、鴞形目、鴟鴞科。
- **分布**：主要分布在全臺海拔1,200公尺以下之低海拔闊葉林。
- **體長**：約25公分。
- **食物**：昆蟲、鳥類和小型哺乳動物等。
- 珍貴稀有保育類、夜行性。

■臺北樹蛙

林青峰 攝

- **分類**：兩棲綱、無尾目、樹蛙科。
- **分布**：主要分布在南投縣以北1,500公尺以下山區附近的樹林或農耕地等靜水域。
- **體長**：雄蛙3.5~4.5公分、雌蛙體長4.5~5.5公分。
- **食物**：昆蟲等。
- **特徵**：背部綠色、腹部為白色帶黃色。
- **繁殖期**：在秋末及冬天繁殖。山區的繁殖期比較長，從10月到次年3月，平地一般從12月到2月。
- 臺灣特有種。

■諸羅樹蛙

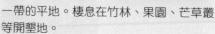

- **分類**：兩棲綱、無尾目、樹蛙科。
- **分布**：僅分布在嘉義、雲林及臺南一帶的平地。棲息在竹林、果園、芒草叢等開墾地。
- **體長**：雄蛙4~5公分、雌蛙5~8公分。
- **食物**：昆蟲等。
- **特徵**：背部草綠色、腹部白色沒有斑點，兩側各有一條白線從口角延伸到股部。
- **繁殖期**：主要在5~9月。
- 臺灣特有種。

■斯文豪氏赤蛙

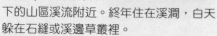

林青峰 攝

- **分類**：兩棲綱、無尾目、赤蛙科。
- **分布**：廣泛棲息於全臺2,000公尺以下的山區溪流附近。終年住在溪澗，白天躲在石縫或溪邊草叢裡。
- **體長**：雄蛙6~7公分、雌蛙約8公分。
- **食物**：昆蟲等。
- **特徵**：偶爾會發出如同鳥叫般的「啾一」一聲，常騙到賞鳥的生手，所以也被稱為鳥蛙。
- 臺灣特有種。就是尖鼻赤蛙的別名，又名棕背蛙。

■赤尾青竹絲

- **分類**：爬蟲綱、有鱗目、蛇亞目、蝮蛇科。
- **分布**：南亞、東亞和東南亞（從印度東北部和尼泊爾經緬甸、泰國、越南到中國和臺灣）。棲息在中、低海拔山區和丘陵的樹林、灌叢、竹林和溪邊。
- **體長**：50~90公分。
- **食物**：兩棲類、小型哺乳類、爬蟲類、鳥類。
- **特徵**：體型瘦長，頭部呈三角形，與頸部明顯區分，具有頰窩，尾巴短小。虹彩為磚紅色，身體背部為翠綠色或深綠色，腹側有一條白色細縱線，雄性在白線下還有一條紅縱線，腹部為淡黃綠色，尾部為磚紅色。

■糞金龜

林青峰 攝

- **分類**：昆蟲綱、鞘翅目、金龜子科、金龜子亞科。
- **棲息地**：果園、森林區、草原、農田。
- 是在大自然中扮演重要角色的「分解者」，能夠使動物的糞便很快的回歸土壤。
- 全世界約有二萬多種，臺灣已知約五百多種。

■亞洲象

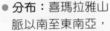

- **分類**：哺乳綱、長鼻目、象科。
- **分布**：喜瑪拉雅山脈以南至東南亞，包括印度、斯里蘭卡、中國、中南半島及東南亞部分島嶼。棲息在濃密叢林至草原。
- **體長**：5.5~6.4公尺。
- **體高**：2.5~3公尺。
- **體重**：3,000~5,000公斤以上。
- **食物**：草食性，以樹皮、根、莖、葉為主食。
- **特徵**：頭頂有一點凹，看起來像個M字。

■馬來貘

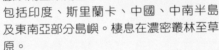

鄭至文 攝

- **分類**：哺乳綱、奇蹄目、貘科。
- **分布**：亞洲的馬來半島、蘇門答臘、泰國和緬甸等地。棲息在密林、灌叢、水邊的草地等。
- **體重**：可達300公斤。
- **食物**：草食性，吃植物的嫩枝芽、樹葉、水果、草及水生植物等。
- **特徵**：牠們是目前最原始的奇蹄類動物，前腳為四趾，後腳為三趾。

- 瀕臨絕種保育類。

■孟加拉虎

- **分類**：哺乳類、食肉目、貓科。
- **分布**：亞洲的森林、雨林、草地、沼澤。
- **體長**：2.5~2.9公尺左右。
- **體重**：140~220公斤左右。
- **食物**：肉食性，以各種哺乳類動物為食。
- **特徵**：體色呈黃色或土黃色、腹部呈白色、身上有一系列狹窄的黑色條紋。
- 瀕臨絕種保育類。

■大貓熊

- **分類**：哺乳類、食肉目、貓熊科。
- **分布**：中國中西部標高1,200至3,400公尺的森林。
- **體長**：120~150公分左右。
- **體重**：90~150公斤左右。
- **食物**：除了竹子外，也會吃花草樹木的果實，以及老鼠等的小動物。雖然如此，牠的食物中十有九成還是竹子。
- **特徵**：有特化出來的「第六指」，方便取食竹子。
- 瀕臨絕種保育類。

【附錄】 動物 小檔案

■大長臂猿

- **分類**：哺乳綱、靈長目、長臂猿科。
- **分布**：馬來西亞、印尼、蘇門答臘及婆羅洲等地的雨林及密林中。
- **體長**：40~70公分左右。
- **食物**：雜食性，以樹葉、水果、小鳥等為食。
- **特徵**：用來宣告領域的叫聲非常具震撼力，是逛動物園時一定會聽到叫聲的動物。

■人猿

- **分類**：靈長目、巨猿科。
- **分布**：婆羅洲和蘇門答臘的熱帶雨林。
- **體長**：70~150公分。
- **體重**：40~100公斤。
- **食物**：雜食性，以水果、昆蟲、小型脊椎動物等為食。
- 又名紅毛猩猩，為瀕臨絕種保育類。

■馬來猴

- **分類**：哺乳綱、靈長目、獼猴科。
- **分布**：除蘇拉維西島以外的中南半島及東南亞各島嶼。棲息在紅樹林等區域。
- **體長**：30~66公分。
- **體重**：6~7公斤。
- **食物**：雜食性。因為喜歡吃螃蟹，也稱為食蟹猴。
- **特徵**：尾長可達66公分，比身體還長，善游泳，又名長尾獼猴。
- 珍貴稀有保育類。

■大衛神父鹿

詹德川 攝

- **分類**：哺乳綱、偶蹄目、鹿科。
- **分布**：原分布於中國北方的沖積平原，目前野外已絕跡。
- **體長**：體長約150公分。
- **肩高**：約115公分。
- **體重**：150~200公斤。
- **食物**：草食性，以青草、雜樹枝及各種水生植物等為食。
- **特徵**：由於頭似鹿、腳似牛、尾似驢、背似駱駝，所以也稱為四不像。
- 瀕臨絕種保育類。

220

美洲動物

■樹懶

- **分類**：哺乳綱、貧齒目、樹懶科。
- **分布**：南美洲北部的熱帶雨林。
- **體長**：60~64公分左右。
- **體重**：9公斤。
- **食物**：葉、幼芽與水果。
- 夜行性、行動緩慢。

非洲動物

■長頸鹿

- **分類**：哺乳綱、偶蹄目、長頸鹿科。
- **分布**：非洲草原。
- **體長**：可達5公尺左右。
- **體重**：平均可達800公斤。
- **食物**：草食性。
- **特徵**：頸椎和人一樣只有七塊，只是每一塊都變大變長而已。是最高的陸生動物。

■霍加狓鹿

- **分類**：哺乳綱、偶蹄目、長頸鹿科。
- **分布**：中非的剛果、卡彭等的密林區。
- **體長**：1.9~2.5公尺。
- **肩高**：1.5~2公尺。
- **體重**：200~250公斤。
- **食物**：草食性，吃樹葉、草等。
- **特徵**：身體茶褐色、四肢有像斑馬般的白色與黑褐色相間的條紋。

■大紅鶴

- **分類**：鳥綱、紅鶴目、紅鶴科。
- **分布**：非洲、南歐、西南亞、加勒比海及加拉巴哥群島。棲息在鹹性潟湖及鹽田、大型鹹性湖泊，有時也會出現在沙岸及沙洲。
- **體長**：120~145公分。
- **翼展寬**：140~165公分。
- **體重**：2,100~4,100公克。
- **食物**：濾食性，會吃水生無脊椎動物及水生植物的種子、藻類、矽藻及腐葉等。也會吸入泥土來萃取有機質。

■蘇卡達象龜

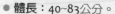

- **分類**：爬蟲綱、龜鱉目、陸龜科。
- **分布**：非洲中部。生活在乾燥的草原、灌叢和沙漠的邊緣。
- **體長**：40~83公分。
- **食物**：草食性，主要是吃多肉植物，水分也是從食物中攝取。
- **特徵**：後腿有二至三個刺狀突起。
- 世界上體型第三大陸龜。珍貴稀有的保育類。

■白腹刺蝟

歐陽恩惠 攝

- **分類**：哺乳綱、食蟲目、蝟科。
- **分布**：非洲的灌木及叢林。
- **體長**：30~50公分。
- **體重**：約400公克。
- **食物**：毛毛蟲、蚯蚓、甲蟲、各種昆蟲的幼蟲、蜈蚣、蜘蛛及蝸牛等，也會取食鳥蛋、雛鳥、青蛙、小老鼠。
- **特徵**：遇到敵人時會把身體縮成一團、滾成球狀逃走。

可愛動物

■國王企鵝

鄭至文 攝

- **分類**：鳥綱、企鵝目、企鵝科。
- **分布**：亞南極的島嶼以及鄰近海域。
- **體長**：80~95公分。
- **體重**：9~16公斤。
- **食物**：魚類、蝦類、頭足類。
- **企鵝蛋**：長約10公分、寬7公分，呈鴨梨形、白底略帶點灰綠色。
- 集體繁殖，有領域性。

■無尾熊

- **分類**：哺乳綱、有袋目、無尾熊科。
- **分布**：南緯15~38度之間的澳洲東部低海拔地區，不密集的桉樹（尤加利樹）林中。
- **體長**：60~85公分。
- **體重**：北部種雄獸6~8公斤、雌獸4~6.5公斤。南部種雄獸11~15公斤、雌獸8~10公斤。
- **食物**：以桉樹（尤加利樹）為主食，通常

只採食嫩葉及嫩莖；偶爾也採食其他植物的嫩葉或花朵。

● 夜行性。

■ 綠繡眼

林青峰 攝

● **分類**：鳥綱、雀形目、繡眼科。
● **分布**：非洲、亞洲、澳洲。棲息在從低地到山地的樹林中、城市、鄉區等地。
● **體長**：約11.5公分。
● **翼長**：約6公分。
● **體重**：約11公克。
● **食物**：除了昆蟲、蜘蛛以外，也會吸食花蜜及水果。
● **特徵**：眼睛圍繞著寬約0.1公分的白色眼圈羽。

■ 黃金角蛙

● **分類**：兩棲綱、無尾目、薄趾蟾科。
● **分布**：南美洲。
● **體長**：可達十幾公分。
● **食物**：小魚、昆蟲、小鼠等塞得進嘴巴裡的、會動的動物。
● **壽命**：最高可至十幾年。

● **特徵**：眼睛上方的突起（通稱為「角」）。

國家圖書館出版品預行編目（CIP）資料

動物數隻數隻：另類爆笑的動物行為觀察筆
記／張東君著；唐唐繪 .-- 初版 .-- 臺北市：
遠流，2014.11
面； 公分 .--（綠蠹魚）
ISBN 978-957-32-7509-1（平裝）

1. 動物行為 2. 通俗作品

383.7　　　　　　　　　　　　　　　103019926

綠蠹魚 YLM17

動物數隻數隻
—— 另類爆笑的動物行為觀察筆記

著者　　張東君（青蛙巫婆）
繪者　　唐唐

總 編 輯　黃靜宜
執行主編　張尊禎
編務協成　張詩薇
初版執編　洪致芬
美術設計　邱睿緻
企　　劃　叢昌瑜、葉玫玉

發 行 人　王榮文
出版發行　遠流出版事業股份有限公司
地址：104005 台北市中山北路一段 11 號 13 樓
電話：（02）2571-0297
傳真：（02）2571-0197
郵政劃撥：0189456-1
著作權顧問　蕭雄淋律師
輸出印刷　中原造像股份有限公司
2014 年 11 月 01 日　新版一刷
2021 年 05 月 05 日　新版五刷
定價　320 元
（《青蛙巫婆動物魔法廚房》增訂新版，原初版 2007.6.25）

ylib 遠流博識網 http://www.ylib.com　E-mail: ylib@ylib.com